新文京開發出版股份有限公司

新世紀‧新視野‧新文京 — 精選教科書‧考試用書‧專業參考書

New Wun Ching Developmental Publishing Co., Ltd.

New Age · New Choice · The Best Selected Educational Publications — NEW WCDP

第五版

機構學

鄭偉盛・許春耀 編著

Fifth Edition

Mechanisms

　　本書主要依據專技院校機械工程科系專業核心科目「機構學」課程標準教材大綱編輯而成。全書一冊共有十章，供五、二年制專科及二、四年制技術學院「機構學」課程教學之用。

　　全書在內容和編寫方法上除參考坊間多本機構學教材，並擷取其中適合專技院校學生程度之內容，再以深入淺出之筆調加以編輯，編寫過程中儘量以最淺顯之物理概念來說明公式之來由，以減少學生背誦之份量，期使同學能對「機構學」課程產生濃厚學習興趣，進而奠定日後修習機械設計等相關課程的基礎。本書在各章末附有各種難度的習題，以幫助學生藉由練習加深對基本內容的理解和掌握。本次改版更新例題題目及解答的文字說明，幫助學生進行演練時，更能掌握題意並快速理解，同時，將豐富內容搭配上精確的圖片，使學生使用上更有效率。

　　本書出版迄今受到廣大的迴響，經多校的教師採用為正式教材，編者深感榮幸。同時也十分感謝這期間熱心提供意見的讀者、先進們。值此再版之際，編者除匯集各方提出的意見，並加上本身教學時的心得，將本書加以修訂，期使本書更臻完善。

鄭偉盛、許春耀　謹識

目 錄
CONTENTS

3 連桿機構 59
CHAPTER

CHAPTER 01

概　論

本章綱要

MECHANISMS

1-1　運動學與動力學

機器在於能接受外來的能量，使機件(Parts)間作確切運動。當然機件本身須有足夠的強度，以承受各種可能的外力，此常於材料科學、應用力學、材料力學等學門加以探討；但機件間的確切運動，則為機構學所研究主題。

運動學(Kinematics)係研究機件間的相對運動，而不考慮影響運動的方式或原因（即不考慮外力、摩擦力等因素）。因此運動學旨在以位置、位移、速度與加速度來描述機件間的運動特性。

動力學(Dynamics)係以牛頓第二運動定律為研究主題，考慮物體的加速度及其所受外力間的關係。

1-2　機械與機構

機構(Mechanism)是多個機件的組合體，各機件之間做一特定且有規律的相對運動。如螺栓與螺帽，車床中的變換齒輪機構。

機械(Machinery)是多個機構的組合體，能傳達力量與運動，而且有作功(Work)。如內燃機、發電機、車床。

結構(Structure)是多個機件的組合體，能承擔負荷（或能承受外力），但機件間無相對運動，亦不作功。如屋架、橋樑。

1-3　鏈的分類

單獨一個物體（或單獨一個剛體）在空間中的運動有 6 種方式，即 X、Y、Z 三個軸方向的移動，及繞著 X、Y、Z 三個軸方向的轉動，如圖 1-1 所示，稱它的自由度(F)為 6。但機構或機構上的兩個作相對運動的機件，彼此之間的運動必受到某些限制，因此兩者之間的相對運動，如圖 1-2 所示，兩個機件的自由度最多為 5（圖 1-2(a)），最少為 1（圖 1-2(e)及(f)）。我們稱這樣聯結的兩個機件為對偶。自由度大於 1 的對偶，稱為高對，自由度等於 1，則稱為低對，若自由度小於 1，稱為結構。許多對偶所組成的結合體，稱為運動鏈，一般而言，運動鏈分成三種：呆鏈、拘束鏈和無拘束鏈。

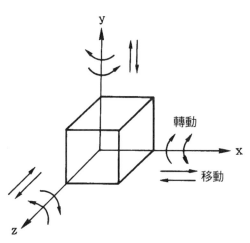

▶ 圖 1-1　單一剛體在空間的 6 個自由度

球與兩平板接觸

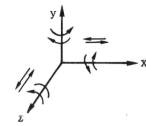

(a)5 個自由度（少 y 軸移動）

球與圓筒接觸

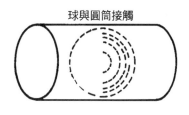

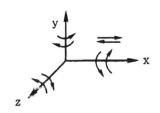

(b)4 個自由度（少 y、z 軸移動）

方塊與兩平板接觸

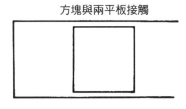

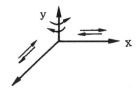

(c)3 個自由度

汽車輪子與地面接觸

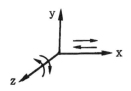

(d)2 個自由度（包括滾動與滑動）

▶ 圖 1-2　兩個機件間的自由度

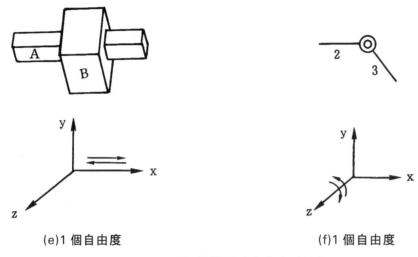

(e)1 個自由度　　　　　　　　(f)1 個自由度

▶ 圖 1-2　兩個機件間的自由度（續）

　　鏈(Chain)：三個以上的機件，組合而成的連桿裝置，稱為鏈。包括：呆鏈（結構）、拘束運動鏈、無拘束運動鏈。

　　呆鏈(Locked chain or structure)：由一些剛性物體組成，可以承受負載，但彼此間沒有任何相對運動，亦稱為結構或架構；圖 1-3 所示為呆鏈，連桿 1、連桿 2、連桿 3，間沒有任何相對運動，其自由度 $F < 1$。

　　拘束鏈(Constrained kinematic chain)：各連桿間具有確切的相對運動，即連桿的運動軌跡可預測。圖 1-4 四連桿組即為拘束鏈，若連桿 2 為輸入桿（或稱主動桿），當連桿 2 轉動到位置 2′ 時，則連桿 3 及 4 就會運動到 3′ 及 4′ 的確切位置。

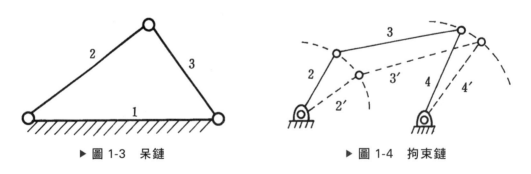

▶ 圖 1-3　呆鏈　　　　　　　　▶ 圖 1-4　拘束鏈

　　無拘束鏈(Unconstrained chain)：各連桿間傳動時，無確切的相對運動，即連桿的運動軌跡無法預測。如圖 1-5 五連桿組，若連桿 2 為輸入桿，當連桿 2 在所示的位置時，連桿 3、4 和 5 可在許多不同的位置（如虛線所示位置），即無法預知其確切的位置。

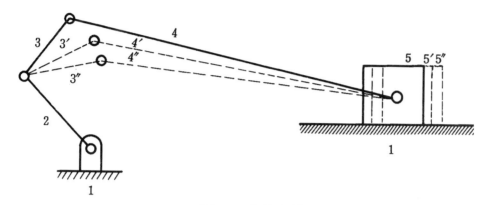

▶ 圖 1-5　無拘束鏈

1-4　運動鏈自由度分析

　　運動鏈的相對自由度(degree of freedom, F)；依運動鏈的對偶數目及連桿數目，利用寇茨巴氏(Kutsbach)提供下列判定式，求出其相對自由度。

$$F = 3(N-1) - 2P_L - P_H$$

其中，

F：為運動鏈的相對自由度。

N：為連桿數目。

P_L：自由度為 1 的低對對偶數目。

P_H：自由度為 2 的高對對偶數目。

⚠ | **注意**：計算低對對偶數目 P_L 時，若接頭有兩根連桿，則對偶數目為 1；若接頭有三根連桿，則對偶數目為 2，其他依此類推。如圖 1-6，A 點有連桿 1 及 2，故 $P_L = 1$，B 點有連桿 2 及 3，故 $P_L = 1$，C 點有連桿 2 及 5，故 $P_L = 1$，D 點有連桿 3 及 4，故 $P_L = 1$，E 點有連桿 1、4 及 5，故 $P_L = 2$。

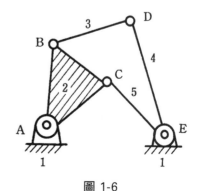

圖 1-6

當運動鏈的相對自由度 F 值：

(1) $F < 1$ 時，此運動鏈為呆鏈（即為結構）。

(2) $F = 1$ 時，此運動鏈為拘束鏈。

(3) $F > 1$ 時，此運動鏈為無拘束鏈。

運動鏈的 $F = 1$ 時，即表示某一根活動連桿為輸入（為主動件），則可獲得其他根活動連桿的確切輸出。當運動鏈的 $F > 1$ 時，例如 $F = 2$，即表示須將二根活動連桿作為輸入，才可得它根活動連桿的確切輸出。運動鏈的 $F < 1$ 時，即表示此為一結構件，即連桿間無法作相對運動。

平面運動機構，若僅由旋轉對構成，則 $F = 3(N-1) - 2P_L - P_H$，式中，$P_H = 0$（因為僅為旋轉對，其自由度為 1），方程式可簡化為下式。

$$F = 3(N-1) - 2P \quad （即 P_L 以 P 取代，且 P_H = 0）$$

當 $F < 1$ 時，即 $3(N-1) - 2P < 1$，$\therefore 3N - 3 - 1 < 2P$

$\therefore P > \dfrac{3}{2}N - 2 \cdots\cdots$ 呆鏈（固定鏈）

當 $F = 1$ 時，即 $3(N-1) - 2P = 1$，$\therefore 3N - 3 - 1 = 2P$

$\therefore P = \dfrac{3}{2}N - 2 \cdots\cdots$ 拘束運動鏈

當 $F > 1$ 時，即 $3(N-1) - 2P > 1$，$\therefore 3N - 3 - 1 > 2P$

$\therefore P < \dfrac{3}{2}N - 2 \cdots\cdots$ 無拘束運動鏈

📖 例題 1-1

求圖 1-7 的自由度？

🔧 解

利用 $F = 3(N-1) - 2P_L - P_H$

其中連桿有 $\overline{AB}(2)$、$\overline{BE}(3)$、$\overline{CD}(4)$、$\overline{EF}(5)$ 加上機架 (1)，所以連桿數目 $N = 5$。

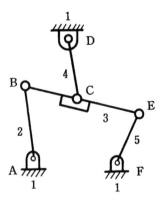

▶ 圖 1-7

低對對偶數： A點有 1 個，即 12

B點有 1 個，即 23

C點有 1 個，即 34

D點有 1 個，即 14

E點有 1 個，即 35

F點有 1 個，即 15

所以，低對對偶數目 $P_L = 6$　高對對偶數目 $P_H = 0$（僅有旋轉對）

$\therefore F = 3(5-1) - 2 \times 6 - 0 = 0$

$\therefore$ 此為呆鏈

例題 1-2

求圖 1-8 的自由度？

解

利用 $F = 3(N-1) - 2P_L - P_H$

其中連桿有 $\overline{AB}$ (2)，$\triangle BCD$ (3)，$\overline{CE}$ (4)，$\overline{EF}$ (5)，$\overline{DG}$ (6)，加上機架(1)，所以 $N = 6$

低對對偶數目： $A(12)$，$B(23)$，$C(34)$，$D(36)$，$E(45)$，$F(15)$，$G(16)$

$\therefore P_L = 7$

高對對偶數 $P_H = 0$

$\therefore F = 3(6-1) - 2 \times 7 = 1$

$\therefore$ 此為拘束鏈

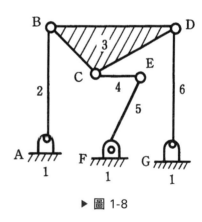

▶ 圖 1-8

例題 1-3

求圖 1-9 的自由度？

解

連桿數有滾圓 A (7)，滾圓 E (6)，桿 $\overline{DE}$ (5)、$\overline{BD}$ (4)、$\overline{CB}$ (3)、$\overline{AB}$ (2)及機架(1)

所以 $N = 7$

低對對偶數：A 點 1 個，(27)

B 點 2 個，(23)(24)

C 點 1 個，(13)

D 點 1 個，(45)

E 點 1 個，(56)

$\therefore P_L = 6$

高對對偶數：F 點 1 個，(16)

G 點 1 個，(17)

所以 $P_H = 2$（因 F 及 G 點有滑動加滾動，屬於高對）

所以 $F = 3(7-1) - 2 \times 6 - 2 = 4$，故為無拘束鏈。

註：若 F 及 G 點作純滾動，則 F 及 G 點屬於低對。

則 $P_L = 8$、$P_H = 0$、$F = 3(7-1) - 2 \times 8 = 2$

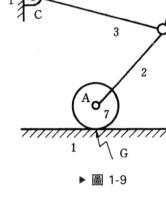

▶ 圖 1-9

例題 1-4

求圖 1-10 的自由度？

解

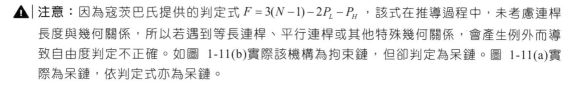

連桿數有桿 2、桿 3 及機架 1，所以 $N=3$

低對對偶數：A 點 1 個，(12)

$\qquad$ B 點 1 個，(13)

$\therefore P_L = 2$

高對的對偶數：C 點 1 個，(23)

$\therefore P_H = 1$

（$\because C$ 點的自由度為 2，即一個平移，一個旋轉，故屬高對）

$\therefore F = 3(3-1) - 2 \times 2 - 1 = 1$，故為拘束鏈。

▶ 圖 1-10

⚠️ 注意：因為寇茨巴氏提供的判定式 $F = 3(N-1) - 2P_L - P_H$，該式在推導過程中，未考慮連桿長度與幾何關係，所以若遇到等長連桿、平行連桿或其他特殊幾何關係，會產生例外而導致自由度判定不正確。如圖 1-11(b)實際該機構為拘束鏈，但卻判定為呆鏈。圖 1-11(a)實際為呆鏈，依判定式亦為呆鏈。

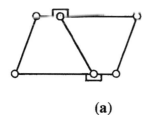

$N = 5$，$P_L = 6$，$P_H = 0$
$F = 0$ $\qquad$ $\therefore$ 此機構為呆鏈

(a)

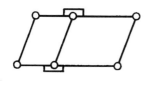

$N = 5$，$P_L = 6$，$P_H = 0$
$\therefore F = 0$ $\qquad$ 此機構為呆鏈
但此機構實際可確切運動，即該機構為拘束鏈

(b)

▶ 圖 1-11

　　若遇到由滑行對所組成的封閉環，如圖 1-12(a)、(b)，則應改用下列寇氏的另一個自由度判定式：

$$F = 2(N-1) - P_S$$

其中，

　　F ：為封閉環滑行對的相對自由度

　　N ：為連桿數目

　　P_S ：為滑行對的數目

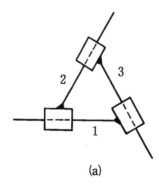

N＝3
Ps＝3
F＝2×2－3＝1

(a)

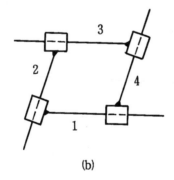

N＝4
Ps＝4
F＝2×3－4＝2

(b)

▶ 圖 1-12

1-5　拘束運動

　　凡連桿組中各桿件間的運動，有確定的關係，即為拘束運動，如圖 1-13(a)。若連桿 2 為輸入，當連桿 2 轉動到 2′ 位置時，桿 3 必定在 3′ 位置，且滑塊 4 亦必在 4′ 位置。另圖 1-13(b)，凸輪轉動到某個角度時，從動件的位置亦可確定，所以這種運動稱拘束運動。

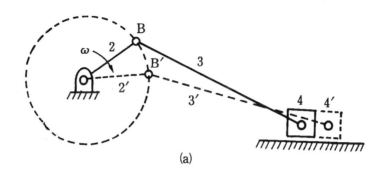

(a)

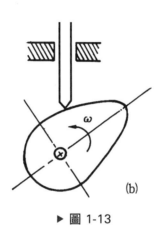

(b)

▶ 圖 1-13

1-6　機構運動圖

　　圖 1-14(a)內燃機簡圖，用圖 1-14(b)的骨架圖來替代，使機件運動的分析更為簡便，謂機構運動圖。圖 1-14(b)所示，連桿 4 為活塞（或稱滑塊），其位移、速度、加速度，與曲柄 2 和連桿 3 的長度與角度有關，而與連桿之寬度及厚度無關，因此連桿的長度與角度須依正確比例繪出。

　　圖 1-14(b)，連桿 1 表示固定部分，如機架(Frame)、曲柄軸承、汽缸壁等。連桿 2 表示曲柄(Crank)或曲柄軸(Crank shaft)；連桿 3 表示聯結桿(Connecting rod)；連桿 4 表示活塞(Piston)或滑塊(Slider)。

　　為了易於分析，連桿均忽略其變形量，即視連桿為剛體。此外，圖 1-15 撓性傳動（皮帶輪或鏈條等）在傳達張力時，亦將其視為剛性傳遞。圖 1-16 液壓機內的液體，視為不可壓縮。

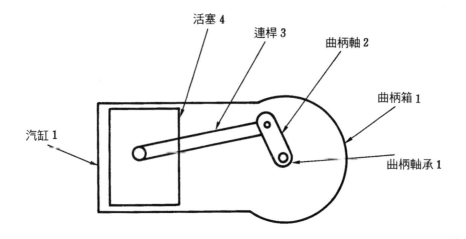

(a) 內燃機簡圖

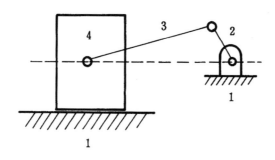

(b) 運動圖

▶ 圖 1-14

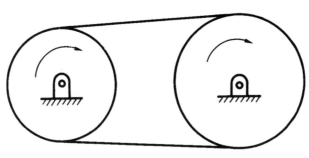

▶ 圖 1-15　皮帶輪

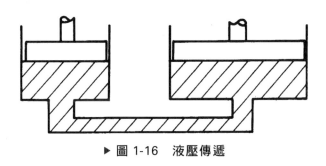

▶ 圖 1-16　液壓傳遞

1-7　對　偶

兩機件相互接觸，彼此拘束，且沿一定的運動路徑運動者，即構成一對偶 (Pairing)，亦稱為運動對，可分為高對與低對。

高對：兩機件的傳動，以點或線接觸者，如摩擦輪、凸輪。

低對：兩機件的傳動，以面接觸者，如活塞與汽缸。

兩機件若面接觸，且自由度等於 1 者，才稱為低對。若面接觸，但自由度大於 1 者，亦為高對，如圖 1-17 所示。圖 1-17(a)只有旋轉對，自由度是 1，為低對。圖 1-17(b)有旋轉及滑動，故自由度是 2，為高對。

高對與低對的選用，依使用情況或條件而定。就機件磨損而言，點或線接觸受力集中於一點或一線，所以機件較易磨損，但點或線接觸，有助於降低摩擦阻力。然而面接觸的機件磨損較小，但磨擦阻力卻增大。

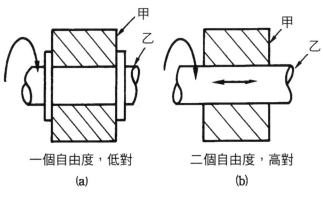

一個自由度，低對	二個自由度，高對
(a)	(b)

▶ 圖 1-17

1-8 對偶倒置

　　對偶中的原動件與從動件互換，稱為對偶倒置(Inversion)。若倒置前、後，其接觸點運動軌跡完全重合，即不改變彼此間的相對運動者，稱該對偶倒置為低對。如圖 1-17(a)，物體甲不動，而物體乙只能作轉動，其任一接觸點的運動軌跡為圓柱形。倒置後，物體甲只能作轉動，而物體乙不動，其任一接觸點的運動軌跡亦為圓柱形，所以其倒置前、後，其接觸點運動軌跡完全重合，屬於低對。

　　若倒置後其運動軌跡改變者，稱為高對。如圖 1-17(b)，甲物體不動，若乙物體作直線移動後再旋轉，與乙物不動，甲先作旋轉，再作直線移動，此兩種接觸點的運動軌跡顯然不重合，屬於高對。

　　低對之對偶倒置，不影響兩機件間的相對及絕對運動的性質。高對之對偶倒置，兩機件的相對運動不變，但兩機件的絕對運動並不相同。

1-8-1　漸開線與擺線

　　圖 1-18 為直線上一點 P，在固定不動的圓上滾動，所繪出的軌跡 $\overparen{PP'}$，是為漸開線，其參數方程式為：

$$x = R\sin\theta - R\theta\cos\theta$$
$$= R(\sin\theta - \theta\cos\theta) \tag{1-1}$$

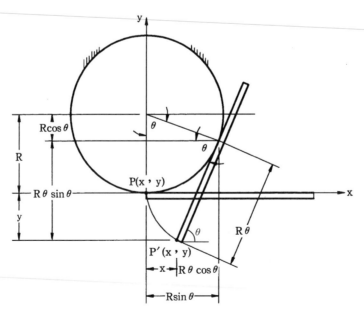

▶ 圖 1-18　$\overparen{PP'}$ 為漸開線

$$y + R = R\cos\theta + R\theta\sin\theta$$

$$\therefore \; y = R\cos\theta + R\theta\sin\theta - R$$

$\because$ y 在坐標原點下方，故加負號得

$$y = -[R\cos\theta + R\theta\sin\theta - R] \tag{1-2}$$

　　若將圖 1-18 對偶倒置，則圓在一固定的直線上滾動，所繪出的軌跡 $\overset{\frown}{PP'}$，是為擺線，如圖 1-19 所示，其參數方程式為：

$$x + R\sin\theta = R\theta$$

$$\therefore \; x = R\theta - R\sin\theta \tag{1-3}$$

$$y + R\cos\theta = R$$

$$\therefore \; y = R - R\cos\theta \tag{1-4}$$

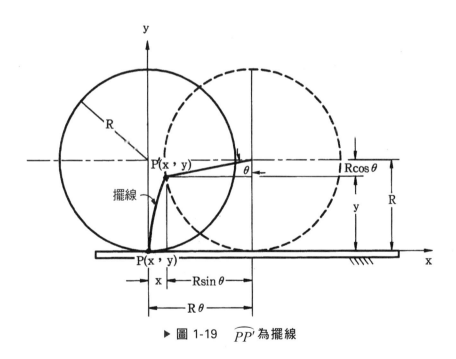

▶ 圖 1-19　$\overset{\frown}{PP'}$ 為擺線

　　圖 1-18 與圖 1-19 互為對偶倒置，其運動軌跡並不重合，是為高對。

1-9　機件運動

1-9-1　平面運動

　　凡機件的運動，其所行經的路線，均在相互平行的平面移動者，稱此機件作平面運動。可分為直線平移、曲線平移、旋轉、平移加旋轉的組合。

1. **直線平移**：如圖 1-20 所示，物體由 x 位置，直線移動至 x' 的位置。

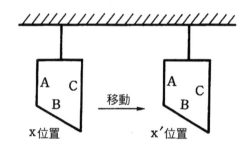

▶ 圖 1-20　物體由 x 位置，直線平衡至 x' 位置

2. **曲線平移**：如圖 1-21 所示，物體由 x 位置，曲線移動到 x' 的位置。曲線平移，其平移前後 A、B、C 線的方位相同，即在 x 位置的 A、B、C 線，平行 x' 位置的 A、B、C 線。

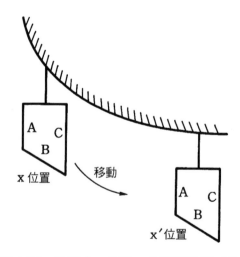

▶ 圖 1-21　物體由 x 位置，曲線平移至 x' 位置

3. **旋轉：** 如圖 1-22 所示，物體由 x 位置，繞 O 點旋轉到 x' 的位置。物體內各質點與旋轉軸 O 保持一定距離。但是在 x 位置的 A、B、C 線，不平行 x' 位置的 A、B、C 線。

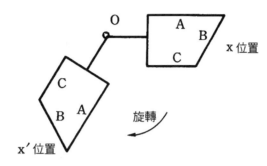

▶ 圖 1-22　物體由 x 位置繞 O 點旋轉到 x' 位置

4. **平移加旋轉組合：** 機件運動，常是由平移加旋轉組成。圖 1-23(a)，AB 桿運動到 $A'B'$，可視為如下：

圖 1-23(b)，AB 桿先平移到達 $A'B''$，再將 AB'' 逆時針旋轉 θ 角，到達 $A'B'$。

圖 1-23(c)，AB 桿先逆時針旋轉 θ 角，至達 AB'''，再將 AB''' 平移，到達 $A'B'$。

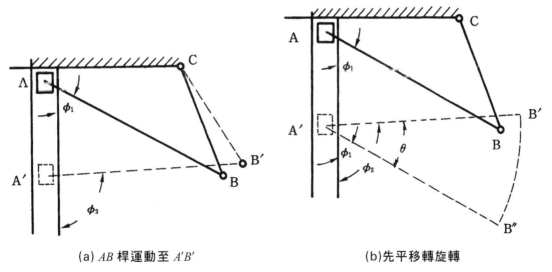

(a) AB 桿運動至 $A'B'$　　　　　(b)先平移轉旋轉

▶ 圖 1-23　平移加旋轉

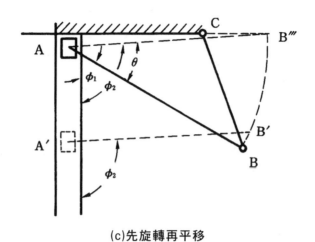

(c)先旋轉再平移

▶ 圖 1-23　平移加旋轉（續）

1-9-2　螺旋運動

物體內每一點的運動軌跡為螺旋線，稱其運動為螺旋運動。如螺帽沿著螺桿運動即是。

1-9-3　球面運動

一點在三度空間中移動，且與某一固定處保持一定的距離，稱此點的運動為球面運動(Spherical motion)，如圖 1-24 所示。

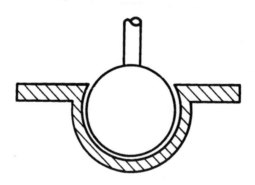

▶ 圖 1-24　球面運動

1-10　向量的加減法

純量(Scalar quantity)只有大小沒有方向，如面積(m^2)、體積(m^3)、時間(min)、慣性矩(mm^4)、動能$(N\text{-}m)$、功$(N\text{-}m)$等。

向量(Vector quantity)具有大小及方向，如力量(N)、位移(m)、速度(m/s)、加速度(m/s^2)、動量$(kg\text{-}m/s)$、衝量$(N\text{-}s)$等。

向量常以帶有箭頭的線段來表示，例如：要表示 A 車以 3 m/s 的速度朝東北，如圖 1-25 所示，假設 1 公分長，表示 1 m/s，則線段長共為 3 cm，代表車子速度的大小，且以水平軸為準，逆時針方向所劃的角度 45°，為速度的方向。

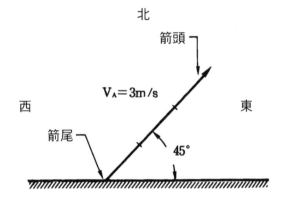

▶ 圖 1-25　A 車的速度大小及方向

向量加法：以圖解法，箭頭加箭尾的方式來運算。

向量的加法，不像純量般，直接加、減其量，尚須考慮其方向（即角度）。因此，一般向量加法，均以圖解方式來處理，即是一向量的箭頭接另一向量的箭尾。一向量的負向量，其大小與原向量相等，但方向相反。

$$
向量加法法則
\begin{cases}
1.\ 箭頭加箭尾 \\
2.\ 等號兩邊由同一起點開始繪起 \\
3.\ 等號兩邊形成封閉
\end{cases}
$$

📖 例題 1-5

　　求圖 1-26 $\vec{A} + \vec{B} + \vec{C} = ?$

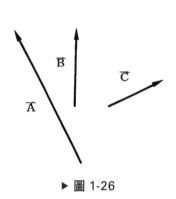

▶ 圖 1-26

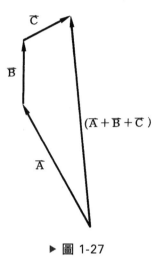

▶ 圖 1-27

🚀 解

　　圖 1-27 即為所求。

📖 例題 1-6

　　求圖 1-26 $\vec{A} - \vec{B} + \vec{C} = ?$

🚀 解

　　$\vec{A} - \vec{B} + \vec{C} = \vec{A} + (-\vec{B}) + \vec{C}$ ，圖 1-28 即為所求。

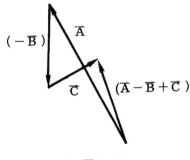

▶ 圖 1-28

1. 說明運動鏈的類別。

2. 求圖 E-1、E-2、E-3、E-4 的自由度，並說明其為何種運動鏈。

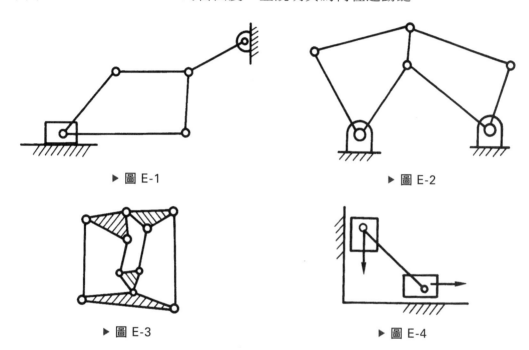

▶ 圖 E-1　　　　　　　　　　　　▶ 圖 E-2

▶ 圖 E-3　　　　　　　　　　　　▶ 圖 E-4

3. 求圖 E-5、圖 E-6 的自由度。

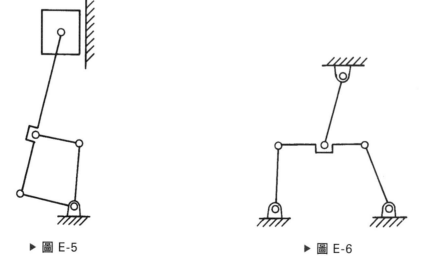

▶ 圖 E-5　　　　　　　　　　　　▶ 圖 E-6

4. 向量 A，為 40 單位長，方向 225°，將其分解成 B、C 二向量，C 有 30 單位長，方向 60°，求向量 B 的大小及方向（以 1 mm 為 1 單位長）。

5. 圖 E-7 所示各已知向量，求下列向量

(1) $\vec{I} = \vec{A} + \vec{C} - \vec{D}$

(2) $\vec{J} = \vec{B} + \vec{D} - \vec{E}$

(3) $\vec{K} = \vec{A} + \vec{B} - \vec{C} - \vec{D} - \vec{E}$

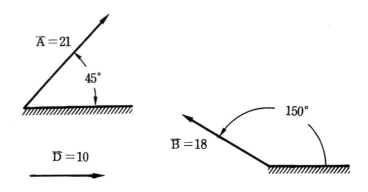

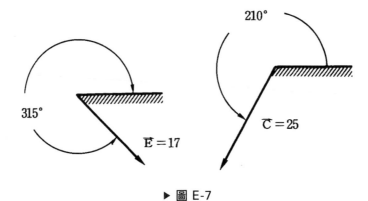

▶ 圖 E-7

CHAPTER 02

運動的特性

本章綱要

MECHANISMS

　　機件的運動，可藉由觀察機件上一點或多點的運動特性，來瞭解整個機件的運動性質。因此，首先研究單一質點的運動狀況。

　　一質點在空間運動，所行經的路線，稱為該質點的運動路徑，簡稱**動路**(Path of motion)，如圖 2-1，質點 P 的運動路徑。動路可以是一直線，或一圓周，或任意曲線均可。運動時質點所經歷路程的總長，稱**路徑**。路徑只有大小，沒有方向，是純量。

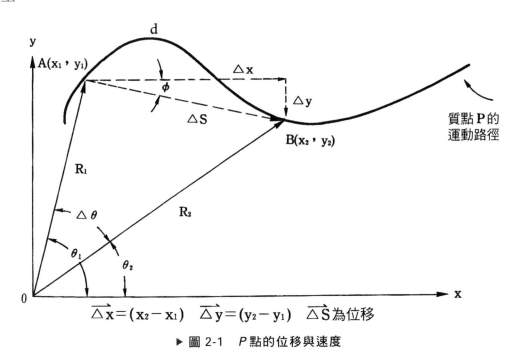

▶ 圖 2-1　*P* 點的位移與速度

　　位移(Displacement)為質點位置的變化量（即後來的質點位置，減，原來的質點位置），位移包括大小及方向，是向量。如圖 2-1 所示，質點 *P* 在運動路徑 (*d*) 上

運動，由 A 點 (x_1, y_1) 沿曲線運動，到達 B 點 (x_2, y_2) 時，質點 P 的位移 $\overrightarrow{\Delta S}$ 為：後來的質點位置 $\overrightarrow{R_2}$，減，原來的質點位置 $\overrightarrow{R_1}$

$$\overrightarrow{\Delta S} = \overrightarrow{R_2} - \overrightarrow{R_1} = \overrightarrow{\Delta x} + \overrightarrow{\Delta y} \qquad (2\text{-}1)$$

$\overrightarrow{R_1}$：質點在 A 的位置向量

$\overrightarrow{R_2}$：質點在 B 的位置向量

所以位移 $\overrightarrow{\Delta S}$ 的大小 ΔS

$$\Delta S = \sqrt{(\Delta x)^2 + (\Delta y)^2} \qquad \text{為圖 2-1 中 } A \text{、} B \text{ 兩點的直線距離} \qquad (2\text{-}2)$$

註： 位移為位置的變化量，故位移的大小為起點到終點的直線長度。$\overrightarrow{\Delta S}$ 的方向為

$$\tan\phi = \frac{\overrightarrow{\Delta y}}{\overrightarrow{\Delta x}} \qquad \text{起點指向終點} \qquad (2\text{-}3)$$

即 $\overrightarrow{\Delta S}$ 箭頭的指向，與水平軸夾 ϕ 角（圖 2-1 所示）。

圖 2-1，當位移 $\overrightarrow{\Delta S}$ 無限小，即 B 點沿著運動路徑，縮短到與 A 點近乎重合時（但不重合），則位移 $\overrightarrow{\Delta S}$ 的方向，與路徑上的 A 點相切。因此，任何瞬間，質點的瞬間位移方向($\overrightarrow{\Delta S}$)，必與其運動路徑相切。

註： 平均位移的大小，不一定等於平均移動距離的大小。但瞬時位移的大小，等於瞬時移動的距離。

📄 例題 2-1

圖 2-2，某人沿半徑為 1.5m 的圓，由 A 點沿著圓周，順時針走到 B 點，求位移及所走的路徑。

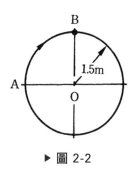

▶ 圖 2-2

解

位移的大小，為起點到終點的直線長度

即　$\Delta S = \sqrt{1.5^2 + 1.5^2} = 1.5\sqrt{2}$ (m)

位移的方向，為起點指向終點的方向，即與水平夾 45°
的方向，如圖 2-3 所示。

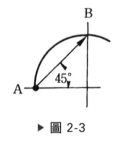

▶ 圖 2-3

所求路徑　$d = \widehat{AB}$ 弧長 $= r\theta = 1.5 \times \dfrac{\pi}{2} = 0.75\pi$ (m)

路徑只有大小，沒有方向。

線速度(Linear velocity)，為線位移對時間的變化率，有大小及方向。如圖 2-1
所示，質點 P 在 Δt 時間內，由 A 點運動到 B 點，則在此時間內的平均速度為

$$\overrightarrow{\Delta V}_{平均} = \frac{\overrightarrow{\Delta s}}{\Delta t} \qquad （速度的方向與位移同方向）$$

當位移無限小時，即時間 Δt 趨近於零（但不等於零），則質點 P 在 A 點的瞬間
速度為：

$$\overrightarrow{\Delta V}_{瞬時} = \lim_{\Delta t \to 0} \frac{\overrightarrow{\Delta s}}{\Delta t} = \frac{\overrightarrow{ds}}{dt}$$

若只考慮瞬時速度的大小，則表示成

$$V = \lim_{\Delta t \to 0} \frac{\Delta s}{\Delta t} = \frac{\Delta s}{\Delta t} \qquad （不標示箭頭） \tag{2-4}$$

因前述，瞬時位移必與路徑相切，所以質點 A 的瞬時速度 V_A 的方向，必與路徑相
切於 A 點。因此，任意運動路徑，其任意點瞬時速度的方向，必在該點與路徑相切。

速率(Speed)，為運動所經路徑總長對時間的變化率，只有大小，沒有方向，
為純量。如圖 2-1 所示，P 在 Δt 時間內，由質點 A 移到 B 之路徑總長設為 d，則在
此時間內質點的平均速率

$$V_{SP} = \frac{d}{\Delta t}$$

註：在同一時段內，平均速度的大小不一定等於平均速率，但任一瞬時的速度大小與瞬時速率相等。

📖 例題 2-2

同例 2-1，在圖 2-2 中，設由 A 點沿著圓周順時針走到 B，花了 10 秒的時間，求(a)平均速度，(b)平均速率。

⚙️ 解

(a)平均速度大小（位移除以時間）

$$V_{av} = \frac{1.5\sqrt{2}}{10} = 0.2121 \, \text{m / s}$$

方向與位移同向，即速度的方向與水平夾 45° 角。

(b)平均速率大小（路徑除以時間）

$$V_{sp} = \frac{0.75\pi}{10} = 0.2355 \, \text{m / s}$$

沒有方向。

2-4 角位移與角速度、角速度與線速度的關係

圖 2-4 中，∇AOB 繞 O 旋轉，我們觀察 $\overline{AO}$ 線，當 A 點旋轉至 A' 點時，$\overline{AO}$ 線段在 Δt 時間內的角位移為 $\Delta\theta$，則在此時間內，物體的平均角速度($\vec{\omega}$)為

$$\vec{\omega}_{平均} = \frac{\vec{\Delta\theta}}{\Delta t} \quad （同一物體，\vec{\omega} \text{ 相等}）$$

而此物體在 AO 位置時的瞬時角速度為

$$\vec{\omega}_{瞬時} = \lim_{\Delta t \to 0} \frac{\vec{\Delta\theta}}{\Delta t} = \frac{\vec{\Delta\theta}}{\Delta t}$$

若只考慮瞬時角速度的大小，則表示成：

$$\omega = \lim_{\Delta t \to 0} \frac{\Delta \theta}{\Delta t} = \frac{\Delta \theta}{\Delta t} \tag{2-5}$$

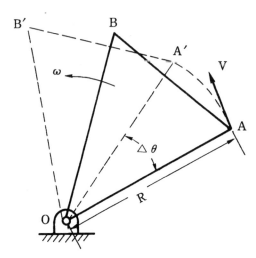

▶ 圖 2-4　∇AOB 繞 O 點，以 ω 的角速度旋轉，AA' 為 A 點的運動路徑

圖 2-4 中，A 點繞 O 旋轉，其旋轉半徑 R 為 $\overline{AO}$ 線長，則 A 點的瞬時速度 V_A：

$$V_A = \lim_{\Delta t \to 0} \frac{\Delta s}{\Delta t} \quad （\Delta s 為 AA' 兩點間的直線距離）$$

因 $\Delta t \to 0$，所以 $\Delta \theta$ 很小

故 AA' 兩點的直線距離 $\Delta s \doteqdot AA'$ 兩點的弧線長度 $\widehat{AA'}$

而　$\widehat{AA'} = R \cdot \Delta \theta$　$\therefore \Delta s = R \cdot \Delta \theta$

所以 $V_A = \lim_{\Delta t \to 0} \frac{\Delta s}{\Delta t} = \lim_{\Delta t \to 0} \frac{R \Delta \theta}{\Delta t} = R \frac{d\theta}{dt}$

由(2-5)　$\omega = \dfrac{d\theta}{dt}$ 代入上式

得　$V_A = R\omega$　$(V_A \perp R)$ \tag{2-6}

註：因 V_A 與 Δs 同方向，而 Δs 在瞬間必垂直半徑 R，所以瞬時速度 V_A 必垂直半徑。

其中 $\Delta\theta$ 為弳度單位

ω 的單位為 $\quad \dfrac{弳度}{時間} = \dfrac{rad}{時間}$

若 R 為公尺,時間為秒,則

$V = (R)(\omega)$,故速度 V 單位為 $\dfrac{公尺}{秒}$

圖 2-5 中,物體以 ω 的角速度繞 A 旋轉,則 V_B 與 V_C 的關係:

$V_B = \overline{AB} \cdot \omega \cdots\cdots\cdots$ ①

$V_C = \overline{AC} \cdot \omega \cdots\cdots\cdots$ ②

(**註:**同一物體 ω 相同)

$\dfrac{①}{②}$　得　$\dfrac{V_B}{V_C} = \dfrac{\overline{AB}}{\overline{AC}}$ (2-7)

因此得知同一物體上,任意兩點速度比,等於其旋轉半徑比。

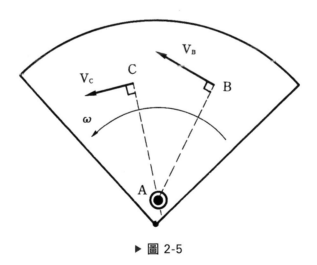

▶ 圖 2-5

例題 2-3

圖 2-6，半徑 $r = 300\ \text{mm}$ 的圓盤，逆時針方向純滾動，且中心點 A 的速度為 $v_A = 3\ \text{m}/\text{s}$，求圓盤上 B 點的速度。（$r_0 = 200\ \text{mm}$, $\theta = 30°$）

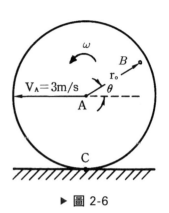

▶ 圖 2-6

解

因純滾動，所以圓盤在此瞬間，繞 C 點旋轉

$$\therefore V_A = r_{CA}\omega$$

$$3 = 0.3\omega \quad \therefore \omega = 10\ \text{rad}/\text{s}\ (\circlearrowleft)$$

$$V_B = r_{CB}\omega$$

$$r_{CB} = \sqrt{r^2 + r_o^2 - 2rr_o\cos 120°}$$

$$r_{CB} = \sqrt{0.3^2 + 0.2^2 - 2 \times 0.3 \times 0.2\cos 120°} = 0.435\ \text{m}$$

$$\therefore V_B = 0.435 \times 10 = 4.35\ \text{m}/\text{s}$$

方向垂直 r_{CB} 與 ω 同向

2-5 線加速度與角加速度

線加速度(Linear acceleration)，單位時間內線速度的變化量，以 A 來表示：

$$\overrightarrow{A} = \frac{\overrightarrow{V_2} - \overrightarrow{V_1}}{\Delta t} = \frac{\overrightarrow{\Delta V}}{\Delta t}$$

因速度是向量，時間是純量，所以加速度是向量，且與速度變化量 $\overrightarrow{\Delta V}$ 同方向；瞬時加速度則

$$\overrightarrow{A} = \lim_{\Delta t \to 0} \frac{\overrightarrow{\Delta V}}{\Delta t} = \frac{\overrightarrow{dV}}{dt} \tag{2-8}$$

代(2-4)　　$\overrightarrow{V} = \dfrac{\overrightarrow{ds}}{dt}$　　入(2-8)

得　$\overrightarrow{A} = \dfrac{d}{dt}\left(\dfrac{\overrightarrow{ds}}{dt}\right) = \dfrac{\overrightarrow{d^2s}}{dt^2}$

若只考慮加速度大小，不考慮加速度方向，則

$$A = \frac{dV}{dt} \ \text{或}\ A = \frac{d^2s}{dt^2} \ \text{或}\ A = \frac{dV}{ds}\frac{ds}{dt} = \frac{dV}{ds}V \tag{2-9}$$

註：此處的 A 為切線加速度，或稱線加速度，不包括法線加速度在內。

$$\because A = \frac{dV}{dt} \quad \therefore \int_0^t A\,dt = \int_{V_1}^{V_2} dV$$

（時間 0 時，速度為 V_1，時間 t 時，速度為 V_2）

若物體作等加速度運動，即 A 為常數，則

$$A\int_0^t dt = \int_{V_1}^{V_2} dV$$

$$At = V_2 - V_1$$

$$\therefore V_2 = V_1 + At \quad （用於等加速度直線運動，此處 A 為切線加速度） \tag{2-10}$$

$$\because A = \frac{dv}{ds}V \quad \therefore A\,ds = v\,dv$$

$$\int_0^s A\,ds = \int_{V_1}^{V_2} V\,dV$$

（位移 0 時，速度為 V_1，位移 S 時，速度為 V_2）

若物體作等加速度運動，即 A 為常數，則

$$A\int_0^s ds = \int_{V_1}^{V_2} V\,dV$$

$$\therefore AS = \frac{1}{2}(V_2^2 - V_1^2)$$

即　$V_2^2 = V_1^2 + 2AS$ （用於等加速度直線運動，此處 A 為切線加速度）(2-11)

若質點作等速度直線運動，即加速度為零，則其在 t 時間內的位移為

$$S = Vt \qquad\qquad (2\text{-}12)$$

註：質點作等速曲線（或圓周）運動，則切線加速度為零，但法線加速度不為零（物體作曲線（或圓周）運動，一定有法線加速度）。

若質點作等加速度直線運動，則其在 t 時間內的位移，為平均速度與時間 t 的乘積，即

$$S = \frac{1}{2}(V_1 + V_2)t \qquad\qquad (2\text{-}13)$$

將(2-10)式代入(2-13)式，消去末速度 V_2 得

$$S = V_1 t + \frac{1}{2}At^2 \quad （用於等加速度直線運動，此處 A 為切線加速度） \qquad (2\text{-}14)$$

⚠ | **說明：**式(2-10)、(2-11)、(2-14)若用於等加速曲線運動，則式中的加速度 A 僅為切線加速度，不包括法線加速度。

註：一質點作直線運動時，因加速度不同，可分為下列幾類：

(1) 加速度為零，速度為常數，即為等速運動。

(2) 加速度為常數，則為等加（或等減）速運動。

(3) 加速度為變數，則為變加（減）速運動（如簡諧運動）。

角加速度(Angular acceleration)，為單位時間內角速度的變化量，即

$$\vec{\alpha} = \frac{\vec{\omega_2} - \vec{\omega_1}}{\Delta t} = \frac{\vec{\Delta\omega}}{\Delta t}$$

（**註：**同一物體角加速度（$\vec{\alpha}$）相同）

瞬時角加速度則為

$$\vec{\alpha} = \lim_{\Delta t \to 0} \frac{\vec{\Delta\omega}}{\Delta t} = \frac{\vec{d\omega}}{dt}$$

若只考慮大小則 $\quad \alpha = \dfrac{d\omega}{dt}$ \qquad\qquad (2-15)

代入(2-5)　$\omega = \dfrac{d\theta}{dt}$ 入(2-15)

得　$\alpha = \dfrac{d}{dt}\left(\dfrac{d\theta}{dt}\right) = \dfrac{d^2\theta}{dt^2}$ 　　　　　　　　　　　　(2-16)

此種等角加速度運動與等加速直線運動屬同類型，因此其分析方法亦相似。故可得

$$\omega_2 = \omega_1 + \alpha t$$

$$\theta = \omega_1 t + \frac{1}{2}\alpha t^2$$

$$\omega_2^2 = \omega_1^2 + 2\alpha\theta \tag{2-17}$$

📖 例題 2-4

圖 2-7 圓盤為靜止狀態，在 P 點施一外力，使其產生切線加速度 $a = 4t(\mathrm{m/s^2})$，t 的單位為秒，求(a)圓盤的角速度 ω；(b)圓盤的角加速度 α；(c)圓盤上 QP 的角位移。

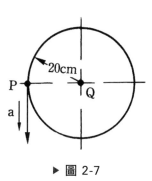

▶ 圖 2-7

🚀 解

$$a = \frac{dV}{dt}$$

$$\therefore \int_0^{v_p} dV = \int_0^t a\,dt = \int_0^t (4t)\,dt$$

$$\therefore V_p = \frac{4t^2}{2} = 2t^2 \ \mathrm{m/s}$$

(a) $\because V_p = (\overline{PQ})\omega$　$\therefore 2t^2 = \left(\dfrac{20}{100}\right)\omega$

　　$\therefore \omega = \dfrac{2}{0.2}t^2 = 10t^2 \ (\mathrm{rad/s})$

(b) $\dfrac{d\omega}{dt} = \alpha$　$\therefore \dfrac{d(10t^2)}{dt} = \alpha$　$\therefore \alpha = 20t \ (\mathrm{rad/s^2})$

(c) $\dfrac{d\theta}{dt} = \omega$

　　$\therefore \int_0^\theta d\theta = \int_0^t \omega\,dt = \int (10t^2)\,dt$

$$\therefore \theta = \frac{1}{3}10t^3 \text{ (rad)}$$

註：不可直接代 $\begin{cases} V_2 = V_1 + at \\ S = V_1 t + \frac{1}{2}at^2 \\ V_2^2 = V_1^2 + 2as \end{cases}$ $\begin{cases} \omega_2 = \omega_1 + \alpha t \\ \theta = \omega_1 t + \frac{1}{2}\alpha t^2 \\ \omega_2^2 = \omega_1^2 + 2\alpha\theta \end{cases}$

2-6 運動之循環週期與頻率

1. 一質點由開始運動到回復原位，即**完成一次循環**(Cycle of motion)。

2. 完成一次運動循環所需的時間，稱為**運動的週期**(Period)。

$$週期 \ T = \frac{2\pi}{\omega} \qquad （角速度 \omega 的單位為 \text{ rad}／秒，週期 T 的單位為秒）$$

3. 單位時間內完成的循環次數謂頻率(Frequency)

$$頻率 \ f = \frac{1}{T} = \frac{\omega}{2\pi} = \frac{2\pi N}{2\pi} = N \qquad N：\text{rps}（轉／秒）$$

2-7 法線加速度與切線加速度

當一點作曲線（或圓周）運動時，必定存在有法線加速度，或稱為向心加速度(Normal acceleration)。圖 2-8 所示，質點由 B 點運動到 B' 點，其速度方向改變。

$$\overrightarrow{\Delta v^n} = \overrightarrow{V'} - \overrightarrow{V} \qquad （後來 B' 點速度，減，原來 B 點速度）$$

$$\therefore \overrightarrow{\Delta V^n} + \overrightarrow{V} = \overrightarrow{V'}$$

利用向量加法

可得圖 2-9，$\overrightarrow{\Delta V^n}$ 的大小及方向。

圖 2-8，$V = R\omega$，$V' = R\omega$　$\therefore V = V'$

圖 2-9，若 $\Delta\theta$ 很小，則 ΔV^n 近似於弧長，故

$$\overrightarrow{\Delta V^n} \doteq \overrightarrow{V} \cdot \Delta\theta$$

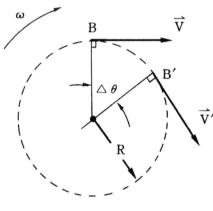

▶ 圖 2-8　B 點運動到 B'

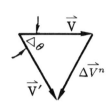

▶ 圖 2-9　$\overrightarrow{\Delta V^n} = \overrightarrow{V'} - \overrightarrow{V}$

由(2-8)式知

$$\overrightarrow{A} = \lim_{\Delta t \to 0} \frac{\overrightarrow{\Delta V^n}}{\Delta t} = \lim_{\Delta t \to 0} \frac{\overrightarrow{V} \cdot \Delta\theta}{\Delta t} \tag{2-18}$$

（ A 與 ΔV^n 同方向）

由(2-5)式　$\omega = \lim_{\Delta t \to 0} \dfrac{\Delta\theta}{\Delta t}$ 代入(2-18)

得　$A = V \cdot \omega$　（此為向心加速度的大小）

圖 2-9 可知，當 $\Delta\theta$ 很小時，速度的改變量 ΔV^n，其方向係指向曲率中心，所以曲線運動的瞬時向心加速度 A 的方向，亦指向曲率中心，所以稱此加速度為**向心加速度**，以 A^n 來表示，其大小為

$$A^n = V\omega = R\omega^2 = \frac{V^2}{R}，方向指向曲率中心 \tag{2-19}$$

圖 2-10 所示 B 點，直線運動到達 B'，若速度大小不變（即 $V = V'$），此時再利用向量加法求 ΔV 時，將得到 $\Delta V = 0$（因 V 與 V' 同方向），所以 $A^n = 0$，即物體作直線運動，其法線加速度必為零。

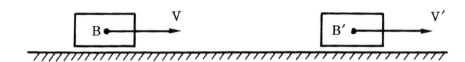

▶ 圖 2-10　B 點直線運動到 B'，其向心（或法線）加速度為零

📘 例題 2-5

圖 2-11，一質點在 O 點起跑，$V_o = 0\,\mathrm{m/s}$，到 A 點 $V_A = 3\,\mathrm{m/s}$，到 B 點 $V_B = 3\,\mathrm{m/s}$，到 C 點 $V_C = 3\,\mathrm{m/s}$

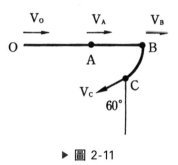

▶ 圖 2-11

$O \sim A$ 點，用 3 秒

$A \sim B$ 點，用 3 秒

$B \sim C$ 點，用 3 秒

求 (a) $O \sim A$；(b) $A \sim B$；(c) $B \sim C$ 的加速度

🔧 解

(a) $V_2 = V_1 + at$　　$\therefore 3 = 0 + a \times 3$

　$\therefore O \sim A$ 的切線加速度 $= 1\,\mathrm{m/s^2}$

(b) $V_2 = V_1 + at$　　$\therefore 3 = 3 + a \times 3$

　$\therefore A \sim B$ 的切線加速度 $= 0\,\mathrm{m/s^2}$

(c) $\Delta V = V_C - V_B$

　$\therefore \Delta V + V_B = V_C$

　利用向量加法求 ΔV

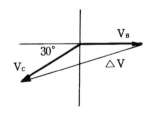

得　$\Delta V^2 = V_B^2 + V_C^2 - 2V_B V_C \cos(60+90°)$

$\therefore \Delta V = 5.8 \text{ m/s}$

$\therefore B \sim C$ 的加速度

$$A = \frac{\Delta V}{t} = \frac{5.8}{3} = 1.93 \text{ m/s}^2$$

A 與 ΔV 同方向，此 A 為平均向心加速度

質點的切線加速度(Tangential acceleration)，由其切線速度大小的改變而來。

圖 2-12　B 的速度 V 直線移動，到達 B'，假設速度變為 $V' = V + \Delta V$，利用向量加法，求速度變化量 $\Delta V^t = V' - V$

$\therefore \Delta V^t + V = V'$

得 ΔV^t 如圖 2-13 所示。

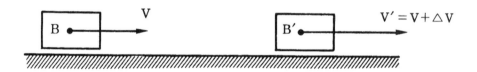

▶ 圖 2-12　B 點運動到 B'

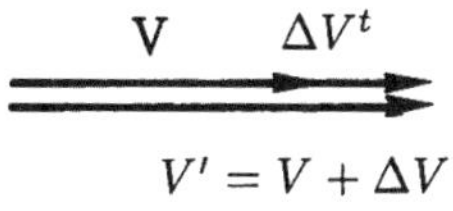

▶ 圖 2-13　ΔV^t（表示切線速度的變化量）$= V' - V = \Delta V$

圖 2-14　B 的速度 V，旋轉到 B'，假設速度變為 $V' = V + \Delta V$，利用向量加法，求速度變化量 $\Delta V^t = V' - V$

$\therefore \Delta V^t + V = V'$

得 ΔV^t 如圖 2-15 所示。

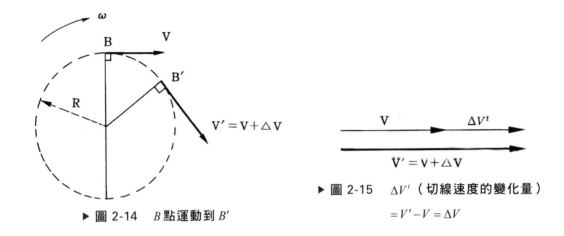

▶ 圖 2-15　ΔV^t（切線速度的變化量）

▶ 圖 2-14　B 點運動到 B'

　　　　　　　　　　$= V' - V = \Delta V$

　　不管是直線運動如圖 2-12，或曲線運動如圖 2-14，只要線速度大小改變，即有切線加速度。

　　直線運動的加速度，在 2-5 節已有討論過，所以圖 2-12 的直線加速度大小為

$$A = \lim_{\Delta t \to 0} \frac{V' - V}{\Delta t}$$

由圖 2-13 知　$V' - V = \Delta V$

$$\therefore A^t = \lim_{\Delta t \to 0} \frac{\Delta V}{\Delta t} = \frac{dV}{dt}$$

同(2-9)式（此 A^t 為切線加速度，不包括法線加速度）

　　曲線運動的切線加速度大小，如圖 2-14 所示，由 B 點運動到 B'，其速度大小的改變量如圖 2-15 所示，$\Delta V^t = V' - V = \Delta V$。

　　由 (2-6) 式，圓周運動的線速度等於半徑與角速度的乘積，所以上式 $\Delta V = R\Delta\omega$，因此圖 2-14 的瞬時切線加速度(A^t)大小為：

$$\begin{aligned}
A^t &= \lim_{\Delta t \to 0} \frac{V' - V}{\Delta t} = \lim_{\Delta t \to 0} \frac{\Delta V^t}{\Delta t} \\
&= \lim_{\Delta t \to 0} \frac{\Delta V}{\Delta t} = \lim_{\Delta t \to 0} \frac{R\Delta\omega}{\Delta t} \\
&= R\frac{d\omega}{dt} = R\alpha
\end{aligned} \tag{2-20}$$

由以上說明得知，作曲線運動的物體，其加速度的大小為

$$A = \sqrt{(A^t)^2 + (A^n)^2}$$

其中 A^t（切線加速度）大小為 $R\alpha$，方向垂直 R，且與 α 同向。

A^n（法線加速度）大小為 $R\omega^2$（或 $\dfrac{V^2}{R}$），方向沿著 R 指向曲率中心。

若物體作等角速曲線運動，則 $\alpha = 0$，所以該物體只有向心加速度，即

$$A = \sqrt{0 + (A^n)^2} = R\omega^2$$

2-8 簡諧運動

簡諧運動(Simple harmonic motion, SHM)係往復直線，變加速度運動。其加速度大小與位移成正比，但方向與位移相反，且加速度方向，永遠指向動路的中心點。簡諧運動的現象，可用一質點作等角速度圓周運動（$\omega = $ 常數），將其投影在該圓直徑上的運動，即可代表簡諧運動。

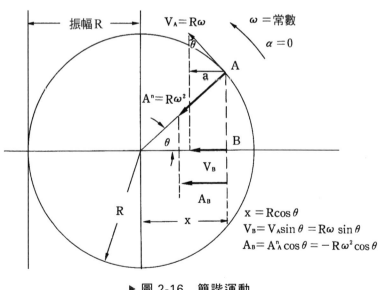

▶ 圖 2-16　簡諧運動

圖 2-16 所示，作等角速圓周運動的點 A，在水平軸上的投影，得點 B 的位移、速度、加速度。

B 點的位移：

$$X = R\cos\theta = R\cos(\omega t) \tag{2-21}$$

B 點的速度：

$$V = \frac{dx}{dt} = -R\omega\sin(\omega t) \tag{2-22}$$

B 點的加速度：

$$a = \frac{dV}{dt} = -R\omega^2\cos(\omega t) \tag{2-23}$$

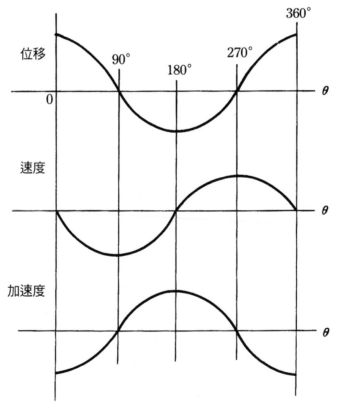

▶ 圖 2-17　簡諧運動位移、速度、加速度間的關係

圖 2-17 為簡諧運動的位移、速度、加速度的關係圖。

將(2-21)式代入(2-23)得

$$a = -\omega^2 x \tag{2-24}$$

(2-24)式，為簡諧運動加速度的特性，即位移與加速度成正比，且位移與加速度方向相反。

📁 **例題 2-6**

　　質量 20 kg 的物體作週期為 π 秒，振幅為 3 m 的簡諧運動，求最大速度及最大加速度。

🔧 **解**

$$T = \frac{2\pi}{\omega} \quad \therefore \pi = \frac{2\pi}{\omega} \quad \therefore \omega = 2 \text{ rad / s}$$

$$V_{\max} = r\omega = 3(2) = 6 \text{ m / s}$$

$$A_{\max} = r\omega^2 = 3(2)^2 = 12 \text{ m / s}^2$$

簡諧運動的實例

📁 **例題 2-7**

　　圖 2-18 質量為 m 的物體，受 F 力拉動，F 放掉，則質量 m 的物體，作往復直線運動，即簡諧運動（ K 為彈簧常數，單位為牛頓／米）。

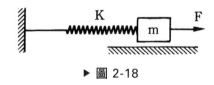

▶ 圖 2-18

🔧 **解**

　$\because F = ma$ ‥‥‥‥①

　$\because F = -Kx$ 　（ F 向右拉，Kx 向左）‥‥‥‥②

①＝②

$$\therefore ma = -Kx \quad \therefore a = -\frac{K}{m}x \cdots\cdots\cdots ③$$

$$\because SHM \, a = -\omega^2 x \cdots\cdots\cdots ④ \quad （看 2\text{-}24 式）$$

③＝④

$$\therefore -\omega^2 x = -\frac{K}{m}x \quad \therefore \omega^2 = \frac{K}{m}$$

$$T = \frac{2\pi}{\omega} = \frac{2\pi}{\sqrt{\dfrac{K}{m}}} \quad （此處 K 的單位為牛頓／米，週期 T 的單位為秒）$$

📖 例題 2-8

圖 2-19 擺長 l（公尺），下懸質量 m（公斤）的單擺，其擺動角度很小（約 3~5°），則質量 m 作近似往復直線運動，即簡諧運動。

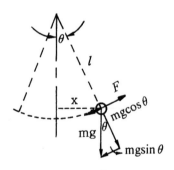

▶ 圖 2-19　單擺 θ 很小

🔧 解

$$F = ma \cdots\cdots\cdots ①$$

$$F = -mg\sin\theta \cdots\cdots\cdots ② \quad （F 向右拉，mg\sin\theta 向左）$$

①＝②

$$\therefore ma = -mg\sin\theta = -mg\frac{x}{l}$$

$$\therefore a = -\frac{gx}{l} \cdots\cdots\cdots ③$$

$$\therefore SHM a = -\omega^2 x \cdots\cdots\cdots ④$$

③＝④

$$\therefore -\omega^2 x = -\frac{gx}{l} \quad \therefore \omega^2 = \frac{g}{l}$$

$$T = \frac{2\pi}{\omega} = \frac{2\pi}{\sqrt{\dfrac{g}{l}}}$$

🖹 **例題 2-9**

圖 2-20 蘇格蘭軛機構，曲柄 2 以等角速 ω 旋轉，連桿 4 作簡諧運動。

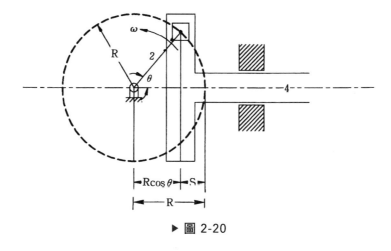

▶ 圖 2-20

📝 **解**

$$S = R - R\cos\theta$$

$$V = \frac{dS}{dt} = 0 + R\sin\theta\left(\frac{d\theta}{dt}\right) = R\omega\sin\theta$$

$$a = \frac{dV}{dt} = R\omega\cos\theta\frac{d\theta}{dt} = R\omega^2\cos\theta$$

📖 **例題** 2-10

圖 2-21 偏心圓凸輪,使平板式的從動件作簡
諧運動。O' 為圓的中心,O 為圓盤凸輪的轉動中
心,其偏心距為 e,求從動件的位移、速度、加
速度。

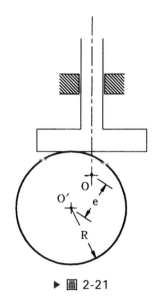

▶ 圖 2-21

🔧 **解**

由圖 2-22 知,原來從動件在 A 點位置
(實線圓),而凸輪以 O 為轉動中心,順時針
旋轉 θ 角時,從動件由 A 點上升到 A' 點(虛線
圓),得從動件位移 S,S 亦為圓心 O' 上升的
高度。

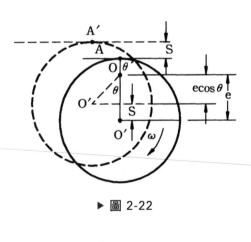

▶ 圖 2-22

$$\therefore S = e - e\cos\theta$$

$$V = \frac{dS}{dt} = e\sin\theta\frac{d\theta}{dt} = e\omega\sin\theta$$

$$a = \frac{dV}{dt} = e\omega^2\cos\theta$$

2-9 相對運動及絕對運動

所謂**絕對運動**,即指一運動物體相對於一個靜止物體的運動而言。在力學與
運動學的例子中,均視地球為靜止不動。因此,若一汽車以 60 km/hr 的速度相對
於地面(視地面不動)行駛,即稱汽車的 "絕對速度" 為 60 km/hr,但習慣上只稱
汽車的 "速度" 為 60 km/hr。

所謂**相對運動**，即指一運動物體，相對於另一個運動物體的運動而言。

若汽車以 60 km/hr 的"絕對速度"（習慣上只稱速度）向北行駛，火車以 30 km/hr 的"絕對速度"（習慣上只稱速度）向東行駛，則汽車相對於火車的速度（亦可稱為火車看汽車的速度）為

$$V_{汽車／火車} = V_{汽車} - V_{火車}$$

$$\therefore V_{汽車／火車} + V_{火車} = V_{汽車}$$

速度為向量，必須以向量的圖解法求解，圖 2-23， $V_{汽車／火車}$ 即為所求，利用餘弦定理求其大小，即

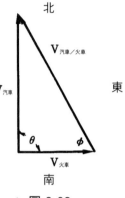

▶ 圖 2-23

$$V_{汽／火} = \sqrt{V_{汽}^2 + V_{火}^2 - 2V_{汽}V_{火}\cos\theta}$$

此處 $\theta = 90°$

$$\therefore V_{汽／火} = \sqrt{60^2 + 30^2} \quad 即為其大小$$

$$= 67.082 \text{ km／hr}$$

其方向由圖 2-23 可看出，汽車相對於火車的速度($V_{汽車／火車}$)方向朝西北，且與水平軸夾 ϕ 角

$$\phi = \tan^{-1}\frac{60}{30} = 63.4°$$

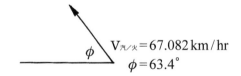

$V_{汽／火} = 67.082 \text{ km／hr}$
$\phi = 63.4°$

📖 例題 2-11

$V_甲 = 40 \text{ km/hr}$ 朝東行駛，$V_乙 = 40 \text{ km/hr}$ 朝南行駛，則乙車上的人看甲車的速度及方向為何？（亦稱甲車相對於乙車的速度）

解

$$V_{甲/乙} = V_{甲} - V_{乙}$$

$$\therefore V_{乙} + V_{甲/乙} = V_{甲}$$

由向量加法得 $V_{甲/乙} = 40\sqrt{2}$ km/hr ，方
向朝東北。

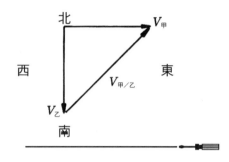

2-10 運動的傳遞、傳遞線與傳遞角

2-10-1 運動的傳遞

主動件與從動件的直接接觸傳遞，可分為**滾動傳遞與滑動傳遞**。

主動件與從動件，作直接接觸傳動時，兩機件在接觸點的速度相等（包括速度大小與速度方向皆相等），稱**滾動**（或稱純滾動）接觸傳遞。如圖 2-24 摩擦輪（若從動輪沒有打滑）的傳遞。

主動件與從動件，作直接接觸傳動時，兩機件在接觸點的速度不相等（速度相等須包括大小、及方向皆相等），稱**滑動接觸傳遞**。如圖 2-25，凸輪的傳遞在接觸點 P，偏心凸輪的速度 V_2 朝東北，但從動件的速度 V_3 朝正北。因此接觸點速度不相等，是為滑動接觸傳遞。圖 2-24 中，如果接觸點有打滑，則為滑動傳遞。

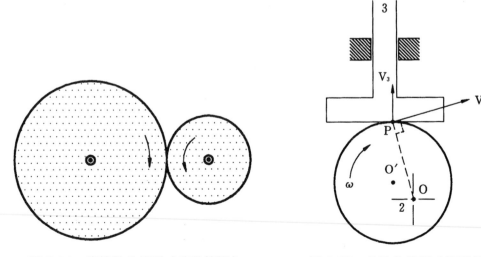

▶ 圖 2-24　摩擦輪的傳遞（滾動接觸）　　　▶ 圖 2-25　凸輪的傳遞（滑動接觸）

主動件與從動件不直接接觸，以中間物作傳遞的媒介者。

剛體連桿：如圖 2-26，連桿 3 可傳達推力與拉力。

撓體連桿：如圖 2-27，皮帶可傳達拉力，但不能傳達推力。

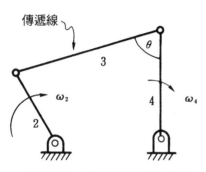

▶ 圖 2-26　剛性連桿間接傳動

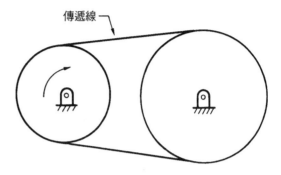

▶ 圖 2-27　撓性連桿間接傳動

流體連桿：如圖 1-16，流體可傳達推力，但不能傳達拉力。

2-10-2　傳遞線

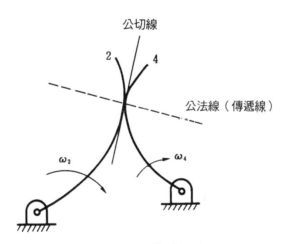

▶ 圖 2-28　直接接觸傳動

主動件傳遞運動至從動件的作用線，稱為傳遞線，如圖 2-26、圖 2-27。圖 2-28 直接接觸的傳遞線，為接觸點的公法線。

圖 2-26 所示為剛性連桿間接傳動，若連桿 2 為主動，則其沿連桿 3（傳遞線）將運動傳遞給連桿 4，使連桿 4 做確切運動。

傳遞線上的速度關係

圖 2-29(a)一機件中，A、B 兩任意點，已知 V_A 大小及方向，已知 V_B 方向，欲求 V_B 大小，則

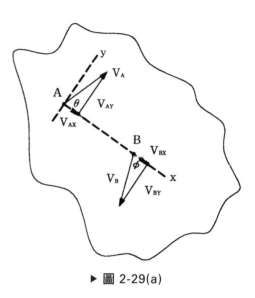

因　$V_{AX} = V_A \cos\theta$ ………①

　　$V_{BX} = V_B \cos\phi$ ………②

因　$V_{AX} = V_{BX}$

若　$V_{AX} > V_{BX}$　則　機件變形

若　$V_{BX} > V_{AX}$　則　機件分離

▶ 圖 2-29(a)

$\therefore ① = ②$，$V_A \cos\theta = V_B \cos\phi$（$\theta$，$\phi$，$V_A$ 已知），則 V_B 即可得。

得一結論：同一機件，任兩點的速度在該兩點連線的速度分量必相等，即 $(V_{AX} = V_{BX})$。

　　註：V_{Ay} 與 V_{By} 可以不相等

A，B 的相對速度：

$$V_{A/B} = V_A - V_B$$

由圖 2-29(b)得　$V_{A/B} = V_{Ay} - V_{By}$（$A$，$B$ 的連線 x 方向，相互減掉了）。

得一結論：同一機件上，任兩點的相對速度 $(V_{A/B})$，其方向必與該兩點的連線垂直，如圖 2-29(b)。

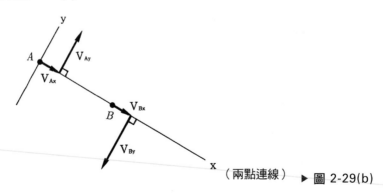

（兩點連線）　▶ 圖 2-29(b)

　圖 2-30(a)，V_{P2} 在傳遞線上的速度分量 P_2B，等於 V_{P4} 在傳遞線上的速度分量 P_4D，即 $(P_2B = P_4D)$，且 $V_{P2/P4}$ 的大小 $= V_{P2} - V_{P4} = \overline{AB} + \overline{CD}$，方向垂直傳遞桿 3，如圖 2-30(b)所示。

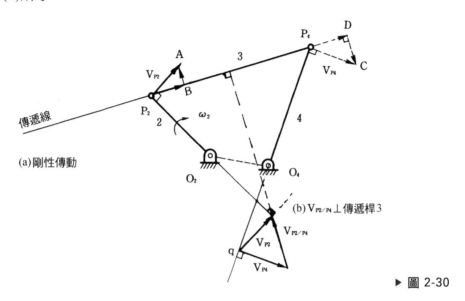

▶ 圖 2-30

　圖 2-31(a)直接接觸傳動，其傳遞線位於公法線$(N-N)$。若連桿 2 為主動，則如圖 2-31(a)所示，V_{P2} 在傳遞線 $N-N$ 上的速度分量 $\overline{P_2B}$，等於從動連桿 4 的速度 (V_{P4})，在 $N-N$ 線上的速度分量 $\overline{P_4B}$，即 $\overline{P_2B} = \overline{P_4B}$，否則連桿 2 與連桿 4 將分離或變形。

　圖 2-31(b)，即為 P_2 相對於 P_1 的速度

$$V_{P2/P4} = V_{P2} - V_{P4} = V_{P2} + (-V_{P4})$$

　其大小如圖 2-31(b)所示，$V_{P2/P4}$ 亦等於圖 2-31(a)中 $\overline{CB} + \overline{BD}$，其方向 "垂直" 於傳遞線 $(N-N)$。

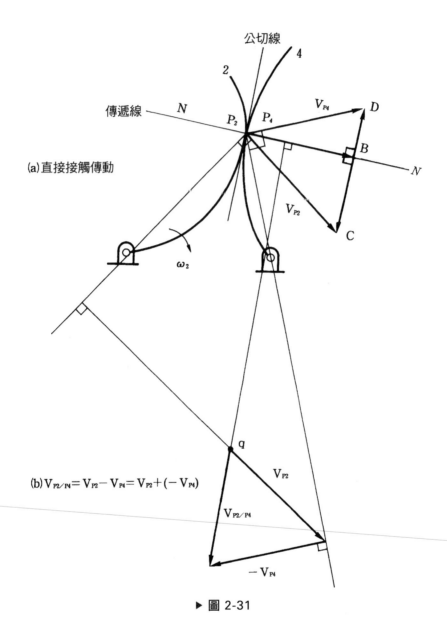

公切線

傳遞線

(a)直接接觸傳動

ω₂

V_{P4}

V_{P2}

(b)$V_{P2/P4} = V_{P2} - V_{P4} = V_{P2} + (-V_{P4})$

▶ 圖 2-31

圖 2-32 為撓性連桿間接運動，若兩輪間沒有打滑，則V_{P2}在傳遞線上的速度等於V_{P4}在傳遞線上的速度。

即　$V_{P2} = V_{P4}$　　（若有打滑則$V_{P2} \neq V_{P4}$）

圖 2-32 與圖 2-30(a)及圖 2-31(a)相比較，圖 2-32 並沒有垂直於傳遞線上的相對速度，因為圖 2-32 之連桿 2 與連桿 4 剛好與傳遞線垂直，故沒有垂直於傳遞線方向的速度分量。

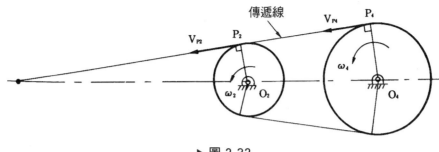

▶ 圖 2-32

2-10-3 傳遞角

連桿與從動件間的夾角，稱為**傳遞角**(Transmission angle)，如圖 2-26 中的 θ 角。通常傳遞角 θ 在 $40° \sim 140°$ 間，以 $90°$ 最佳，若傳遞角太大或太小時，轉動力矩將變小，不易克服從動件的摩擦力矩，使傳動困難。

2-11 角速比

圖 2-33 中

$$V_{P2} = (P_2A) = (O_2P_2)\omega_2 \qquad V_{P4} = (P_4C) = (O_4P_4)\omega_4 \tag{2-25}$$

兩式相除得 $\quad \dfrac{\omega_2}{\omega_4} = \dfrac{(P_2A)(O_4P_4)}{(P_4C)(O_2P_2)}$

ΔO_2EP_2 相似 ΔP_2BA

$\therefore \dfrac{P_2A}{O_2P_2} = \dfrac{P_2B}{O_2E} \quad$ 代入(2-25)

ΔO_4FP_4 相似 ΔP_4DC

$\therefore \dfrac{P_4C}{O_4P_4} = \dfrac{P_4D}{O_4F} \quad$ 代入(2-25)

得 $\quad \dfrac{\omega_2}{\omega_4} = \dfrac{(P_2B)}{(O_2E)}\dfrac{(O_4F)}{(P_4D)}$

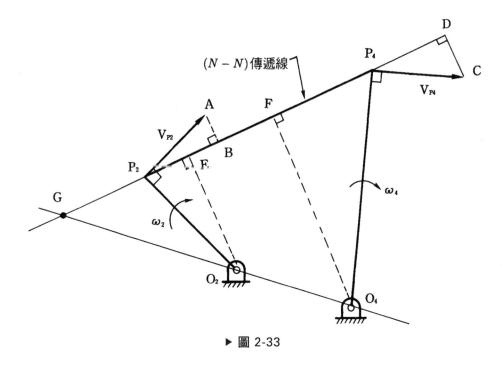

▶ 圖 2-33

由於在傳遞線上的速度分量相等，即　$P_2B = P_4D$

∴得　$\dfrac{\omega_2}{\omega_4} = \dfrac{O_4F}{O_2E}$　　　　　　　　　　　　　　　　　　　(2-26)

即角速比，等於由連桿的旋轉中心 O_2 及 O_4，對公法線 $(N-N)$ 所作的垂線距離成反比。因 ΔO_2EG 相似 ΔO_4FG

∴ $\dfrac{O_4F}{O_2E} = \dfrac{O_4G}{O_2G}$　代入(2-26)

∴得　$\dfrac{\omega_2}{\omega_4} = \dfrac{O_4G}{O_2G}$　　　　　　　　　　　　　　　　　　　(2-27)

即角速比，等於公法線與連心線相交點 G 的距離成反比。

圖 2-33 中，其

$\dfrac{\omega_2}{\omega_4} = \dfrac{O_4G}{O_2G} = \dfrac{O_4F}{O_2E}$　　　　　　　　　　　　　　　　(2-28)

2-12 直接接觸機構的滑動與滾動

圖 2-34(a)中，V_{P2} 的大小為 $\overline{P_2 b}$

其在傳遞線 $(N-N)$ 上的分量為 $\overline{P_2 a}$

其在公切線上的分量為 $\overline{ab}$

圖 2-34(a)中，V_{P4} 的大小為 $\overline{P_4 C}$

其在傳遞線上的分量為 $\overline{P_4 a}$，且 $\overline{P_4 a} = \overline{P_2 a}$

其在公切線上的分量是 $\overline{ac}$

所以圖 2-34(a)中，$V_{P4/P2}$ 的相對速度大小為

$$\overline{ac} - \overline{ab} = \overline{bc}$$

觀察圖 2-34(b)，其 $V_{P4/P2}$ 的相對速度大小為

$$\overline{ac'} - \overline{ab'} = \overline{b'c'}$$

比較圖 2-34(a)(b)兩圖，由於(b)圖的接觸點較靠近連心線，所以(b)圖的 $V_{P4/P2}$ 相對速度 $\overline{b'c'}$ 較(a)圖的 $\overline{bc}$ 小，即表示兩物體接觸點愈靠近連心線，則其相對速度愈小，即在公切線的滑動量愈小。

由圖 2-34(c)可知，兩物體的接觸點正好在連心線上，所以 V_{P2} 的大小為 $\overline{P_2 b}$

其在傳遞線上的分量為 $\overline{P_2 a}$

其在公切線上的分量為 $\overline{ab}$

圖 2-34(c) V_{P4} 的大小亦為 $\overline{P_4 b}$，且 $\overline{P_4 b} = \overline{P_2 b}$

其在傳遞線上的分量為 $\overline{P_4 a}$，且 $\overline{P_4 a} = \overline{P_2 a}$

V_{P4} 在公切線上的分量為 $\overline{ab}$，且等於 V_{P2} 在公切線上的分量 $\overline{ab}$。

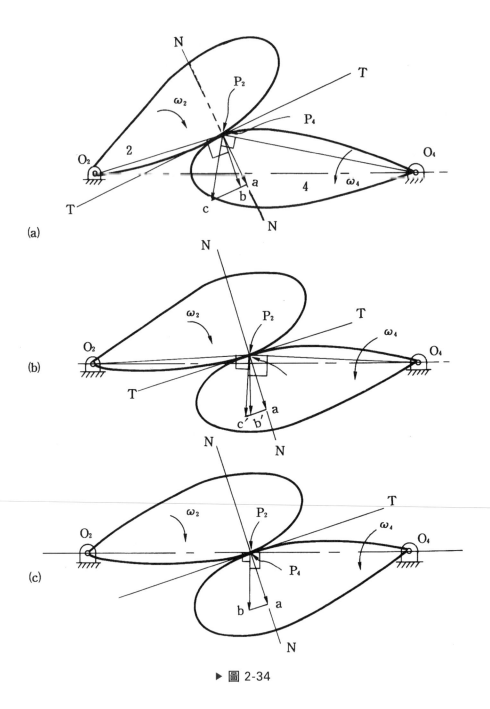

▶ 圖 2-34

　　由上可知，直接接觸的兩物體，其接觸點若通過連心線時，其在公切線上沒有相對速度，即沒有滑動，若接觸點不通過連心線則必產生滑動。

　　圖 2-35，雖兩接觸點在連心線上，但 $V_{P2} \neq V_{P4}$，亦產生滑動。因此，滾動接觸須滿足以下條件：1.接觸點的速度必須完全相等，2.接觸點必在連心線上。亦即兩機件作直接接觸，若接觸點不在連心線上時，該兩機件必有滑動。

　　圖 2-35，若 $V_{P2} = V_{P4}$ 即為滾動接觸，且其角速度比等於半徑之反比

$$\frac{\omega_2}{\omega_4} = \frac{O_4 P_4}{O_2 P_2}$$

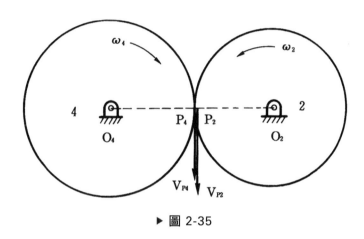

▶ 圖 2-35

　　圖 2-36 中，若圓以 ω_2 的角速度作純滾動，則接觸點 P_2、P_4 的瞬時速度為：

　　∵純滾動則　$V_{P2} = V_{P4}$

　　且 $V_{P4} = 0$　（∵地面不動）

　　∴ $V_{P2} = 0$

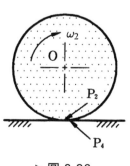

▶ 圖 2-36

1. 汽車輪胎直徑為 780 mm，每分鐘 800 轉，求
   (a) 汽車每小時的速度為多少 km/hr？
   (b) 若連續走 5 小時，問走了多長的距離？

2. 某人開車，從台北至台中其時速為 12 公里，回程時，時速只有 4 公里，問某人開車去、回的平均時速為多少？

3. 質量為 20 kg 的物體，作週期 2 秒，振幅 2 m 的簡諧運動，求
   (a) 位移等於 0.5 m 處，速度及加速度的大小；
   (b) 從平衡位置移動到 1.5 m 處，所需的時間？

4. 圖 E-1 所示 $\omega_2 = 10\,\text{rad/s}$，半徑為 5 cm 的圓作純滾動，求在此瞬間之 V_A，V_B，V_C，V_D，$V_{B/O}$，$V_{B/C}$，$V_{A/C}$。

5. 圖 E-2 中，若 $V_C = 10\,\text{m/s}$，求 ω_{BC} 及 ω_{OB}。

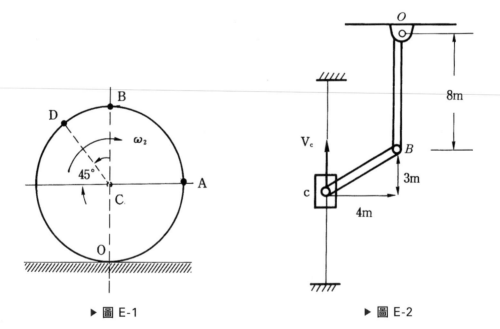

▶ 圖 E-1   ▶ 圖 E-2

6. 說明 $\int dv = \int a\,dt$，該式，加速度 a 是為何種加速度。

7. 說明 $v = v_0 + at$ 式，適用於何種運動場合。

8. $v = R\omega$，問 v 為瞬時速度或平均速度，則 v 與 R 有何關係。

9. 說明兩機件直接接觸運動，做滾動傳遞所須的條件。

10. 說明簡諧運動的特性。

11. 說明兩直接接觸的機件，其接觸點相對速度的方向為何。

MEMO

CHAPTER 03

連桿機構

本章綱要

3-1　連桿組

　　凡能傳達力量，產生運動或約束運動的機件，稱之為**連桿**(Link)。多個連桿利用對偶聯接在一起，就形成一個運動鏈(Kinematic chain)，或稱為連桿組(Linkage)，圖 3-1 所示。

3-2　四連桿組

　　最有效，最常見的機構，就是四連桿組(Four-bar linkage)。

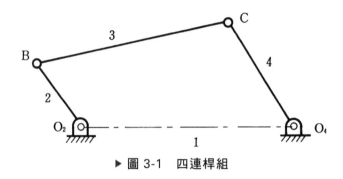

▶ 圖 3-1　四連桿組

　　圖 3-1 所示，連桿 1、2 利用對偶 O_2 聯接；連桿 2、3 利用對偶 B 聯接；依次類推。

　　四連桿組，其自由度 $F = 1$，將其中之一桿予以固定，且輸入另一桿，則各桿間只有確定的相對運動（即各桿間可確切傳動）。通常四連桿組之運動形態，可利用下列四種方式變化：

1. 改變各連桿長度：圖 3-2(a)、(b)所示，因桿長改變，則連桿的運動情況將改變。

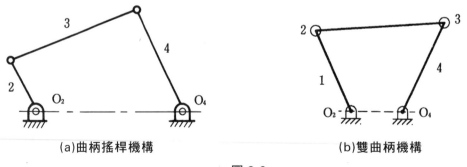

(a)曲柄搖桿機構　　　　　　　　　(b)雙曲柄機構

▶ 圖 3-2

2. **使用滑動對**：圖 3-3(a)所示，固定連桿 1、連桿 2 為主動作迴轉運動，滑塊 4 則作往復直線運動，謂曲柄滑塊機構。

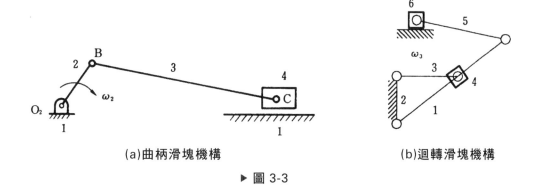

(a)曲柄滑塊機構 　　　　　　　　　(b)迴轉滑塊機構

▶ 圖 3-3

3. **對偶倒置**：圖 3-3(b)中，若固定最短桿 2，將得到另一種機構，謂迴轉滑塊機構，又稱惠氏急回機構。

4. **對偶的擴大**：圖 3-4 所示，若 *AFE* 為一呆鏈，將對偶擴大，其中可活動的連桿作主動，則其他連桿亦能做確切運動。

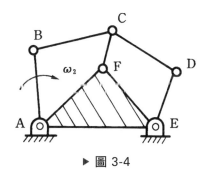

▶ 圖 3-4

3-3　四連桿組的幾何關係

（一）**組成四連桿機構的條件**：任一根連桿之長度，必定小於其餘三根連桿長度之和。

📖 例題 3-1

$O_2B = 10 \text{ cm}$ ， $\overline{BC} = 20 \text{ cm}$ ， $O_2O_4 = 25 \text{ cm}$ ， $O_4C = 60 \text{ cm}$

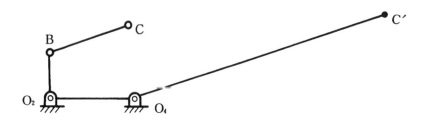

✏️ 解

$O_2B + \overline{BC} + O_2O_4 = 10 + 20 + 25 = 55 \text{ cm} < O_4C' \ (60 \text{ cm})$

如此將無法形成四連桿組。

（二）**Grashoff 定律**：判斷四連桿組，產生何種運動形態的依據。

四連桿中，假設最短連桿為 $L_{\min}$，最長連桿為 $L_{\max}$，其餘二根連桿分別為 L_b 及 L_c，則 Grashoff 機構：

1. $L_{\max} + L_{\min} = L_b + L_c$，將形成變點機構，使從動件轉向不確定，須修改桿長。

2. $L_{\max} + L_{\min} < L_b + L_c$：

   (1) 若最短為曲柄，而固定與其互成對偶的連桿，則形成曲柄搖桿機構。如圖 3-2(a)。

   (2) 若將最短桿作為連接桿（即浮桿最短），則形成雙搖桿機構。如圖 3-8。

   (3) 若最短桿固定，則形成雙曲柄機構（或謂牽桿機構）。如圖 3-2(b)。非 Grashoff機構：$L_{\max} + L_{\min} > L_b + L_c$，則可形成雙搖桿機構。如圖3-11。

📖 例題 3-2

利用 85、120、150、190 公分之四根連桿，試說明其組成四連桿的情況。

✏️ 解

$\because 190 < (85 + 120 + 150)$

故可組成四連桿組

$(190+85) > (120+150)$

故可以組成雙搖桿機構

3-4 曲柄搖桿組

四連桿組中，一連桿（曲柄）做 360° 迴轉，而另一連桿做搖擺運動，稱為**曲柄搖桿組**，如圖 3-5 所示，利用 $\Delta O_2 C' O_4$ 及 $\Delta O_2 C'' O_4$ 二邊和大於第三邊原理，求得曲柄 $O_2 B$ 最短。

$\Delta O_2 C' O_4$ 中　$(BC - O_2 B) + (O_2 O_4) > (O_4 C)$

$\therefore BC + O_2 O_4 > O_2 B + O_4 C \cdots\cdots\cdots ①$

$\Delta O_2 C' O_4$ 中　$(BC - O_2 B) + (O_4 C) > (O_2 O_4)$

$\therefore BC + O_4 C > O_2 B + O_2 O_4 \cdots\cdots\cdots ②$

$\Delta O_2 C'' O_4$ 中　$O_2 O_4 + O_4 C > O_2 B + BC \cdots\cdots\cdots ③$

由①、②、③式得證，$O_2 B$ 桿（曲柄）最短。

構成曲柄搖桿的條件，亦可由 Grashoff 宇律知：

(1) 最短桿 $(O_2 B)$ 與任二桿之長度和，必大於第四桿之長度。

(2) 最短桿 $(O_2 B)$ 與任一桿之長度和，必小於其餘二桿之長度和。

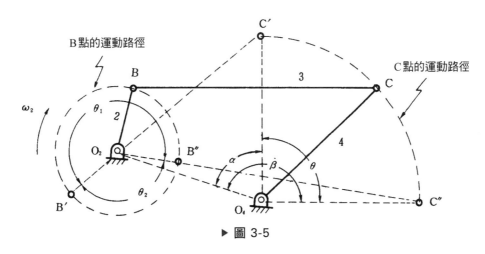

▶ 圖 3-5

曲柄搖桿機構中，若以曲柄為原動件，則曲柄無論運動至任何位置皆可使搖桿順利擺動。但若以搖桿為原動件，則當連桿 3 運動到與曲柄 2 成一直線時，（圖 3-5 中的 $C'O_2B'$ 及 $C''B''O_2$）由於力矩為零，因此連桿 3 無法帶動曲柄 2，此二位置稱為**死點**(Dead point)。可利用飛輪運動的慣性力，或利用兩組曲柄搖桿聯合操作來消除死點，以便作連續運動。

📁 **例題 3-3**

如圖 3-5，曲柄 2，連續迴轉，而搖桿 4 做左右擺動，已知 $O_2B = 33\,\text{mm}$，$O_2O_4 = 104\,\text{mm}$，$O_4C = 65\,\text{mm}$，求連桿 BC 的最大與最小長度。

💠 **解**

∵ 是曲柄搖桿　∴ O_2B 最短

$$BC + O_2O_4 > O_2B + O_4C \cdots\cdots\cdots ①$$

$$BC + 104 > 33 + 65$$

得　$BC = -6$　因為連桿長度沒有負值　∴不合

$$BC + O_4C > O_2B + O_2O_4 \cdots\cdots\cdots ②$$

$$BC + 65 > 33 + 104$$

得　$BC > 72$

$$O_2O_4 + O_4C > O_2B + BC \cdots\cdots\cdots ③$$

$$104 + 65 > 33 + BC$$

得　$BC < 136$

∴ $72 < BC < 136$

📁 **例題 3-4**

如圖 3-5，已知 $O_2B = 21\,\text{mm}$，$O_2O_4 = 52\,\text{mm}$，$O_4C = 54\,\text{mm}$，$BC = 83\,\text{mm}$，求搖桿 O_4C 擺動的角度 θ。

解

圖 3-5 中，$\Delta O_2 O_4 C'$ 中

$$(BC - O_2 B)^2 = (O_2 O_4)^2 + (O_4 C)^2 - 2(O_2 O_4)(O_4 C)\cos\alpha$$

$$(83 - 21)^2 = 52^2 + 54^2 - 2 \times 52 \times 54 \cos\alpha$$

$$\therefore \alpha = 71.5°$$

$\Delta O_2 O_4 C''$ 中

$$(BC - O_2 B)^2 = (O_2 O_4)^2 + (O_4 C)^2 - 2(O_2 O_4)(O_4 C)\cos\beta$$

$$(83 + 21)^2 = 52^2 + 54^2 - 2 \times 52 \times 54 \cos\beta$$

$$\therefore \beta = 157.7°$$

$$\therefore \theta = \beta - \alpha = 86.2°$$

3-5　雙曲柄機構（或稱牽桿機構）

圖 3-6 所示，連桿 $O_2 O_4$ 固定，以 $O_2 B$ 及 $O_4 C$ 為曲柄，分別繞 O_2 及 O_4 兩個定軸迴轉。由 $\Delta O_2 B'' C''$ 及 $\Delta O_2 B' C'$ 之二邊和大於第三邊的關係，可求得固定桿 $O_2 O_4$ 最短

$\Delta O_2 B'' C''$ 中　$(BC + O_2 B) > (O_2 O_4 + O_4 C)$

$\therefore BC + O_2 B > O_2 O_4 + O_4 C$

$\Delta O_2 B' C'$ 中　$(O_4 C - O_2 O_4) + O_2 B > BC$

$\therefore O_4 C + O_2 B > BC + O_2 O_4$

$\Delta O_2 B' C'$ 中　$(O_4 C - O_2 O_4) + BC > O_2 B$

$\therefore O_4 C + BC > O_2 O_4 + O_2 B$

此種機構沒有死點。

牽桿機構(Drag link)，可以形成一種快速迴歸機構，即曲柄作等速迴轉運動，而另一曲柄作不等速迴轉運動。圖 3-6 所示

$$\frac{\omega_2}{\omega_4} = \frac{O_4F}{O_2E} \qquad \therefore \omega_4 = \omega_2 \cdot \frac{O_2E}{O_4F}$$

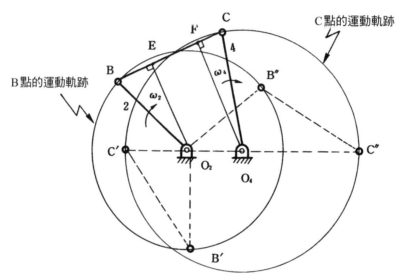

▶ 圖 3-6　雙曲柄機構（牽桿機構）

ω_2 作等速迴轉，但 O_2E / O_4F，隨時在改變，所以 ω_4 亦隨之改變。故依此原理可提供做往復切削的刀具：慢速切削行程，及快速回歸行程。

圖 3-7 所示，主動曲柄 2 以 ω_2 順時針等速迴轉，滑塊 D 往復運動，即滑塊 D 向右，進行慢速切削行程，再向左做快速迴歸行程。

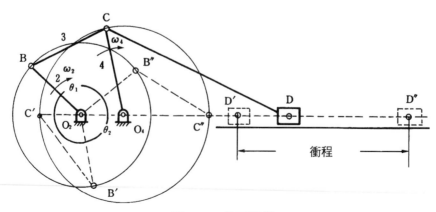

▶ 圖 3-7　急回機構

$$切削往反時間比 = \frac{\theta_1}{\theta_2} = \frac{\omega_2 t_1}{\omega_2 t_2} = \frac{t_1}{t_2} > 1$$

$$衝程長 = 2 \times (O_4 C)$$

3-6 雙搖桿機構

四連桿組中，繞固定中心旋轉的兩桿，均只能作搖擺運動者，稱為**雙搖桿機構**。

圖 3-8 中，由 $\Delta O_2 B'' O_4$ 及 $\Delta O_2 C' O_4$ 兩邊和，大於第三邊，可求得浮桿 BC 最短

$\Delta O_2 B'' O_4$ 中　　$O_2 B + O_2 O_4 > BC + CO_4$

$\Delta O_2 C' O_4$ 中　　$O_4 C + O_2 O_4 > BC + BO_2$

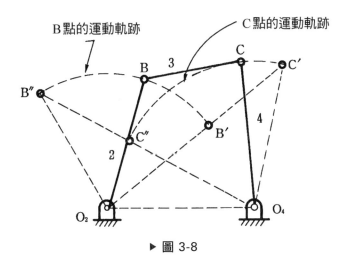

▶ 圖 3-8

兩搖桿的極端位置 B''、C''，及 B'、C' 應避免之。如果以搖桿 2 為主動，當 B 點運動到 B'' 點時，為死點，且 B 點運動到 B' 點時，搖桿 4 會產生多餘的反轉現象。因此常在 C'' 及 B' 兩點處，加裝止動器(Stopper)。

在 C'' 裝止動器，以防止達到 B'' 的死點位置，而在 B' 裝止動器，以防搖桿 4 作不必要的反轉。

3-7 平行曲柄四連桿組

　　圖 3-9 中，曲柄 2 及 4 等長，連桿 3 及中心線 O_2O_4 亦等長，因此曲柄 2 及 4 具有相等角速度。

　　圖 3-9 中　$\dfrac{\omega_2}{\omega_4} = \dfrac{O_4F}{O_2E}$　。

　　$(\because O_4F = O_2E \quad \therefore \omega_2 = \omega_4)$

　　當連桿 3 與 4 在同一直線上的兩個位置，如圖 3-9 中，$O_2B'O_4C'$ 及 $B''O_2C''O_4$ 時，若以桿 2 為主動，則從動桿 4 的旋轉方向，將不被拘束，即產生所謂的死點。因此，常以彈力或重力，消除死點的逆轉現象。

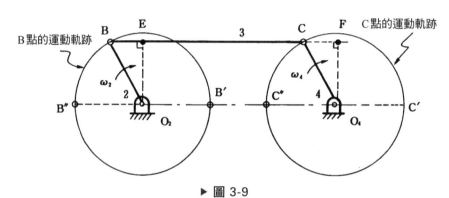

▶ 圖 3-9

3-8 不平行等曲柄連桿組

　　圖 3-10 中，連桿 3 及聯心線 1 等長。曲柄 2 及 4 等長，但不平行，且旋轉方向相反，若曲柄 2 以等角速度迴轉，則曲柄 4，作變角速度迴轉。

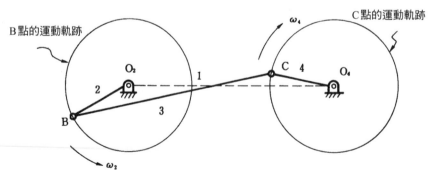

▶ 圖 3-10

3-9 相等曲柄連桿組

圖 3-11 所示，做搖擺運動的雙曲柄 2 及 4 等長，而聯心線 1 的長度，大於連桿 3 者，此為特殊的雙搖桿機構。

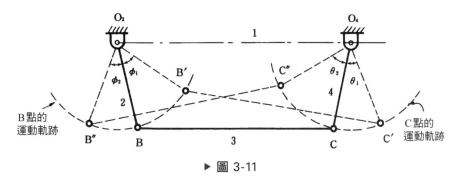

▶ 圖 3-11

圖 3-11 中，當 O_2O_4 平行 BC 時，則角 $BO_2O_4 =$ 角 CO_4O_2；當 O_2B 轉 ϕ_1 角度時，O_4C 轉 θ_1 角度，但 $\phi_1 > \theta_1$。當 O_2B 轉向 ϕ_2 角度時，O_4C 轉 θ_2 角度，但 $\theta_2 > \phi_2$，即桿 2 及 4 的旋轉角度不同，當然 ω_2 與 ω_4 亦不相同。圖 3-12(a)(b)為相等曲柄，應用於汽車前輪轉向機構，當轉彎時，欲使兩前輪軸的延長線，相交於後輪軸延線上，如圖 3-13 所示（如此可使汽車滑動現象，降到最低），此等特性，需與相等曲柄機構配合使用。

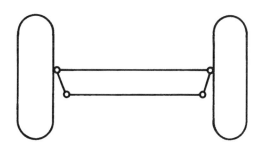

(a)汽車直行時

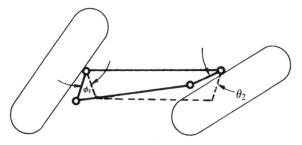

(b)汽車右轉時 $\theta_2 > \phi_2$

▶ 圖 3-12

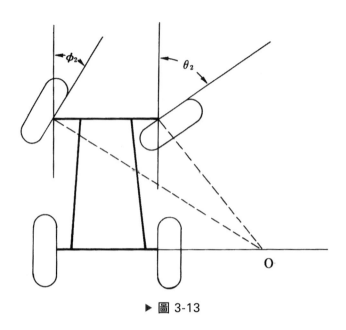

▶ 圖 3-13

3-10 曲柄滑塊機構

固定滑槽 1 所得機構稱曲柄滑塊機構,如圖 3-14 所示。應用於引擎、往復式壓縮機及沖床機構。

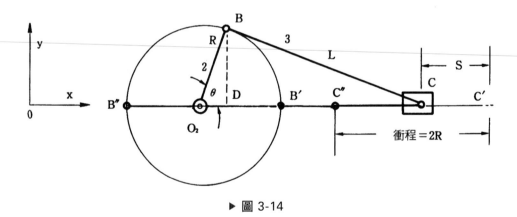

▶ 圖 3-14

速度分析與加速度分析

圖 3-14 中，

$$S = O_2 C' - O_2 C = (R + L) - (O_2 D + DC)$$

$$O_2 D = R\cos\theta \quad , \quad DC = \sqrt{(BC)^2 - (BD)^2} = \sqrt{L^2 - R^2\sin^2\theta}$$

$$\therefore S = (R + L) - (R\cos\theta + \sqrt{L^2 - R^2\sin^2\theta})$$

二項式展開

$$(a+b)^n = a^n + na^{n-1}b + \frac{n(n-1)}{2!}a^{n-2}b^2 + \frac{n(n-1)(n-2)}{3!}a^{n-3}b^3 + \cdots\cdots$$

$\sqrt{L^2 - R^2\sin^2\theta}$ 以二項式展開，且忽略高次項，則

$$\sqrt{L^2 - R^2\sin^2\theta} = L - \frac{1}{2L} \times R^2\sin^2\theta$$

$$\therefore S = (R+L) - \left[R\cos + \left(L - \frac{1}{2L}R^2\sin^2\theta\right)\right]$$

$$= R - R\cos\theta + \frac{1}{2L}R^2\sin^2\theta$$

$$V - \frac{ds}{dt} - R\sin\theta\frac{d\theta}{dt} + \frac{R^2}{2L}2\sin\theta\cos\theta\frac{d\theta}{dt}$$

$$= R\omega\sin\theta + \frac{R^2\omega}{2L}\sin 2\theta$$

$$a = \frac{dV}{dt} = R\omega\cos\theta\frac{d\theta}{dt} + \frac{R^2\omega}{2L}2\cos 2\theta\frac{d\theta}{dt}$$

$$= R^2\omega^2\cos\theta + \frac{R^2\omega^2}{L}\cos 2\theta$$

$$= R\omega^2\left[\cos\theta + \frac{R}{L}\cos 2\theta\right]$$

此機構中，若連桿 $L \to \infty$，則為簡諧運動。

3-11　偏位滑塊曲柄機構

圖 3-15 曲柄滑塊偏置量為 y 的機構。

$$切削時間比 = \frac{進刀行程}{退刀行程} = \frac{\theta_1}{\theta_2} = \frac{\omega t_1}{\omega t_2} = \frac{t_1}{t_2} > 1$$

此機構的 θ_1 僅稍大於 θ_2，所以做為急回機構，則效率不高。

$$衝程 = \left(\sqrt{(L+R)^2 - y^2}\right) - \left(\sqrt{(L-R)^2 - y^2}\right)$$

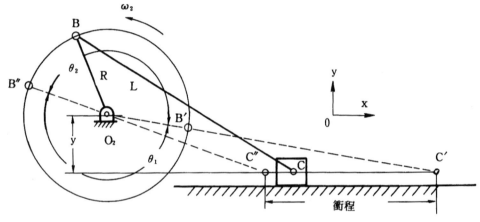

▶ 圖 3-15　偏位滑塊曲柄

3-12　蘇格蘭軛機構

圖 3-16，曲柄 R 做等速圓周運動，而滑塊 4 做簡諧運動。

衝　　程 $= 2R$

位　　移 $S = R - R\cos\theta$

速　　度 $V = R\omega\sin\theta$

加速度 $a = R\omega^2\cos\theta$

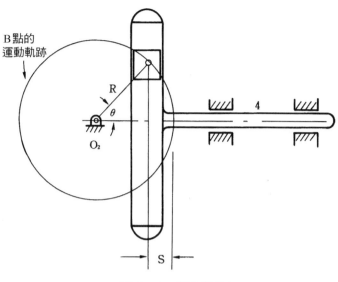

▶ 圖 3-16 蘇格蘭軛

3-13 迴轉滑塊機構

圖 3-17 所示稱為惠氏急回機構。固定桿 O_2O_4 的距離，短於曲柄 O_2B 的長度。曲柄 O_2B 及 O_4C 作完全的迴轉運動。若以曲柄 O_2B 為主動，以順時針方向做等速旋轉，曲柄 O_2B 由 B'' 運動到 B' 時，所轉動角度為 θ_2，此時，滑塊由 D'' 快速滑行至 D'，繼之曲柄 O_2B 轉動 θ_1 角度，使滑塊由 D' 緩慢滑行至 D''。

$$切削時間比 = \frac{\theta_1}{\theta_2} = \frac{\omega t_1}{\omega t_2} = \frac{t_1}{t_2} > 1$$

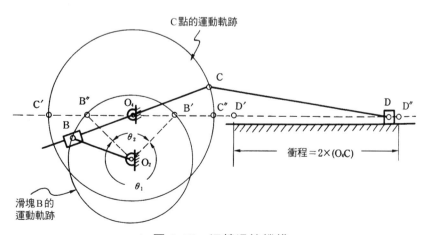

▶ 圖 3-17 迴轉滑塊機構

　　擺動滑塊機構：圖 3-18 所示，曲柄 O_2B 等角速迴轉，而 O_4C 做左右搖擺運動，帶動滑塊 D 做往復運動。令曲柄 O_2B 做等角速順時針迴轉，則滑塊 D 將向左快速衝程，及向右緩慢衝程。

$$其時間比 = \frac{\theta_1}{\theta_2} > 1$$

$$衝　　程 = 2 \times (O_4C'') \sin \alpha$$

📖 例題 3-5

　　若圖 3-18 中，$O_2O_4 = 30\,\text{cm}$，$O_2B = 15\,\text{cm}$，$O_4C = 60\,\text{cm}$，若曲柄以 40 rpm 等速順時針回轉，求滑塊 D 的切削衝程，和回程的平均速度。

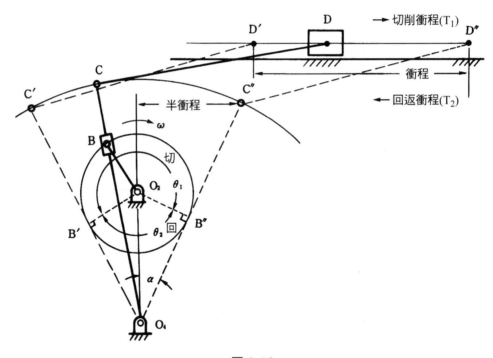

▶ 圖 3-18

✏ 解

圖 3-18 中，

$$\sin \alpha = \frac{O_2B''}{O_2O_4} = \frac{15}{30} \qquad \therefore \alpha = 30°$$

$$\therefore \frac{\theta_2}{2} = 60°$$

$$\therefore \theta_2 = 120° \quad , \quad \theta_1 = 360 - \theta_2 = 240°$$

切削時間比

$$\frac{T_2}{T_1} = \frac{\theta_2}{\theta_1} = \frac{120}{240} = \frac{1}{2} \cdots\cdots \text{①}$$

$$衝程 = 2 \times 60 \times \sin 30° = 60 \text{ cm}$$

$$\therefore 曲柄轉速 40 \text{ rpm}，N = \frac{40}{60} = \frac{2}{3}\left(\frac{轉}{秒}\right)$$

$$\therefore 曲柄 O_2 B 每轉一圈須 1.5 秒$$

$$\therefore T_2 + T_1 = 1.5 \cdots\cdots\cdots \text{②}$$

解①、②得 $T_1 = 1$秒，$T_2 = 0.5$秒

$$\therefore 切削衝程的平均速度 = \frac{S}{T_1} = \frac{60}{1} = 60 \text{ cm/sec}$$

$$回程的平均速度 = \frac{S}{T_2} = \frac{60}{0.5} = 120 \text{ cm/sec}$$

3-14 平行機構

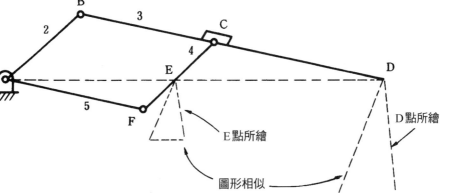

▶ 圖 3-19

　　圖 3-19 為縮放繪圖儀，即平行運動機構應用於產生一比例運動。連桿 2、3、4、5 形成一平行四邊形，延長 BC 到 D 點，連接 O_2D 與桿 4 相交於 E 點。為使 E 點所有的運動位置，皆平行於 D，需要 O_2D / O_2E 之比值為定值。由 ΔO_2FE 相似 ΔDCE，知

$$\frac{ED}{O_2E} = \frac{CD}{O_2F} = 常數$$

而且

$$\frac{D\ 點圖形大小}{E\ 點圖形大小} = \frac{O_2D}{O_2E}$$

　　縮放儀，除用來放大或縮小圖形外，亦可用在導引切削刀具，或火炬割切等，複製等比例的複雜形狀。

　　萬能製圖儀：平行機構的另一個例子，如圖 3-20 所示，以 BCEH 的環，分別將平行四邊形之 O_2B、O_4C 及 EF，HG 結合起來。移動繪圖機的臂，該劃線尺將可移動到任何平行位置。

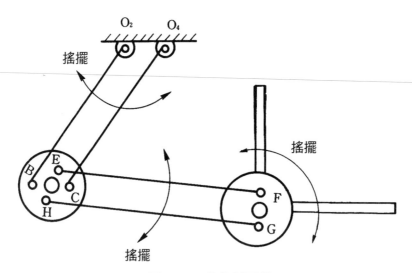

▶ 圖 3-20　萬能製圖儀

3-15 等腰連桿組

　　單滑動對的曲柄滑塊機構中，若連桿的長度與曲柄的長度相等時，則得一等腰連桿機構，如圖 3-21 所示，桿長 $l_2 = l_3$，桿 O_2B 做迴轉，帶動滑塊 C 往復運動。

　　在圖 3-21 中，當滑塊 C，運動至衝程的中間點 O_2 時，不能得到確切的運動，故在實際運用上，將連桿 3 延長至 D 點，並在 D 點裝設一滑塊 D，如圖 3-22 所示。滑塊 D 在垂直的滑槽中滑動，且將由柄 O_2B 省略，而點 B 的動路仍然是圓形，此種機構，稱為**雙滑塊機構**。

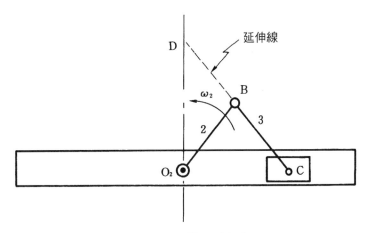

▶ 圖 3-21　等腰連桿組

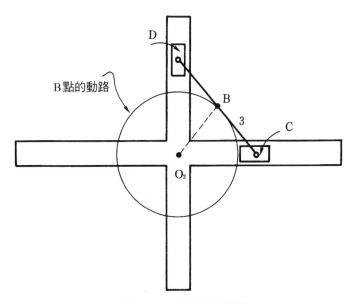

▶ 圖 3-22　雙滑塊機構

3-16　肘節機構

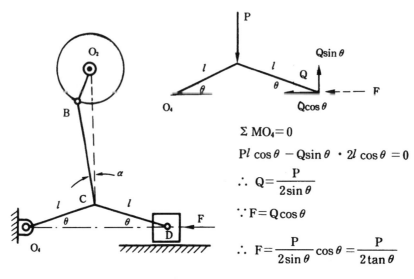

$$\Sigma \ MO_4 = 0$$

$$Pl \cos\theta - Q\sin\theta \cdot 2l \cos\theta = 0$$

$$\therefore \ Q = \frac{P}{2\sin\theta}$$

$$\because F = Q\cos\theta$$

$$\therefore \ F = \frac{P}{2\sin\theta}\cos\theta = \frac{P}{2\tan\theta}$$

▶ 圖 3-23

　　利用較小的力量，且移動短距離，可產生很大作用力的機構，稱**肘節機構**(Toggle mechanism)。圖 3-23 所示，連桿 O_4C 與 DC 等長，當 θ 角甚小時，由力的分析可得

$$F = \frac{1}{2}\frac{P}{\tan\theta}$$

　　當 θ 很小時，則 $\tan\theta \to 0$，使 F 變得很大。

　　肘節機構，常用於鉚接機、肘節鉗、碎石機等。圖 3-24 為另一型式的肘節機構。

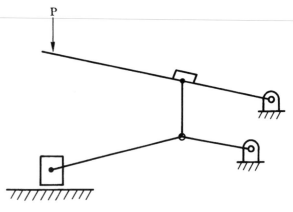

▶ 圖 3-24

3-17 間歇運動機構

一連桿組，可將連續運動轉換成間歇運動，此連桿組，稱為**間歇運動機構** (Intermittent-motion mechanism)。

日內瓦機構，係由一機件之連續迴轉運動，造成另一機件間歇迴轉運動。如圖 3-25，當 A 持續迴轉一周，B 轉 1/4 周後，靜止不動，等到 A 轉回次一周時，B 再被帶動轉 1/4 周。但角速比並非 4 比 1（圓盤上有插銷之 A 輪，為主動。），插銷 D 進入或離開 B 物體時，均在切線方向，因此不致使該機構產生衝擊負荷。

正齒輪間歇運動，如圖 3-26 所示，B 輪為主動，帶動 C 輪，當 B 輪轉一圈時，則 C 輪轉 1/8 圈。

斜齒輪間歇運動，如圖 3-27 所示，B 軸連續迴轉，C 軸則產生間歇迴轉運動。

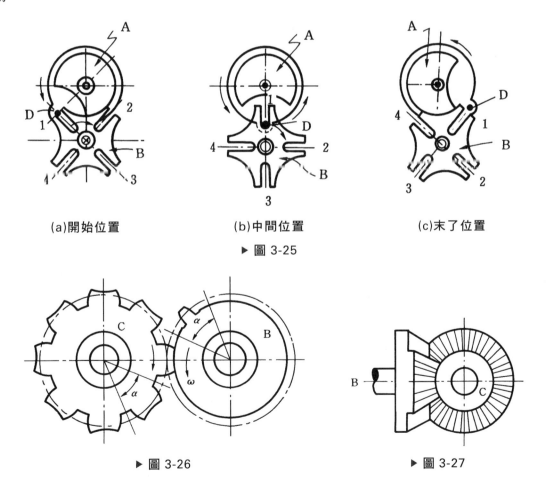

(a)開始位置　　　　　　(b)中間位置　　　　　　(c)末了位置

▶ 圖 3-25

▶ 圖 3-26　　　　　　　　　　　▶ 圖 3-27

3-18 棘輪機構

棘輪用於將旋轉或平移運動，轉換成間歇的旋轉或平移運動。如圖 3-28，當機件 A 左右擺動時，帶動棘輪 B 做間歇運動。

圖 3-29 所示，為無聲棘輪，係藉摩擦力來傳遞運動，運轉時不生噪音，如板鉗的無聲棘輪機構。

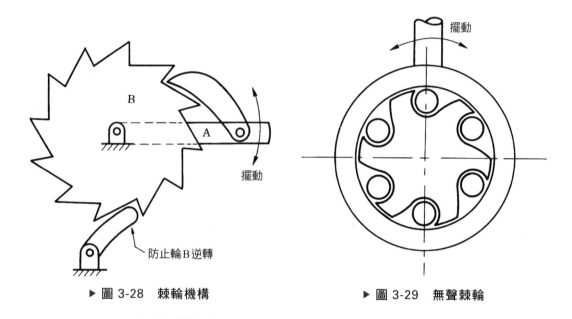

▶ 圖 3-28　棘輪機構　　　　　　　▶ 圖 3-29　無聲棘輪

3-19 歐丹聯結器

歐丹聯結器(Oldham coupling)係用於聯結兩個平行軸，但中心不在一直線上（有偏差），可傳遞相等的角速度之可撓性聯結器，如圖 3-30 所示。

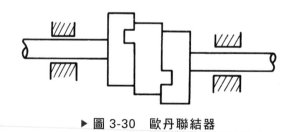

▶ 圖 3-30　歐丹聯結器

3-20 萬向接頭

萬向接頭(Universal joint)，係用於聯接兩相交的軸。最常見的形式為虎克（或十字）接頭，如圖 3-31 所示。β 為兩軸之交角，ω_2 為主動軸的角速度，ω_3 為從動軸的角速度。單一個虎克接頭時，ω_2 作等角速旋轉，則 ω_3 作變角速運動。兩軸間的夾角，最佳小於 5°，不得超過 30°。

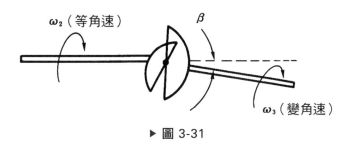

ω_2（等角速）　　　　β

ω_3（變角速）

▶ 圖 3-31

圖 3-32(b)中　　$OE = R\cos\theta_2$，$C'E = R\sin\theta_2$

圖 3-32(a)中　　$OG = OE\cos\beta = R\cos\theta_2\cos\beta$

圖 3-32(b)中 $C'E$ 與圖 3-32(c)中 $C'G$ 等長，所以

$$C'G = R\sin\theta_2$$

且

$$\tan\theta_3 = \frac{C'G}{OG} = \frac{R\sin\theta_2}{R\cos\theta_2\cos\beta}$$

或　　$\tan\theta_3 = \dfrac{\tan\theta_2}{\cos\beta}$　　（其中 β 為兩軸夾角是為常數）……①

將①式微分得

$$\sec^2\theta_3 \cdot \frac{d\theta_3}{dt} = \frac{\sec^2\theta_2}{\cos\beta} \cdot \frac{d\theta_2}{dt}$$

$$\left(\text{令}\quad \omega_3 = \frac{d\theta_3}{dt}\ ,\ \omega_2 = \frac{d\theta_2}{dt}\right)$$

$$\therefore \frac{\omega_2}{\omega_3} = \frac{\sec^2\theta_3\cos\beta}{\sec^2\theta_2} = \frac{\sec^2\theta_3\cos\beta}{1+\tan^2\theta_2} \cdots\cdots\cdots ②$$

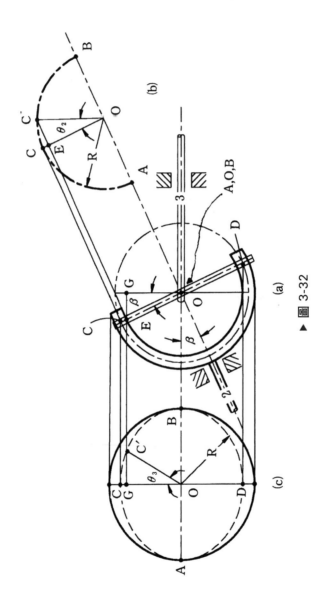

▲ 圖 3-32

將①式代入②式，消去 $\tan^2 \theta_2$，得

$$\frac{\omega_2}{\omega_3} = \frac{\sec^2 \theta_3 \cos \beta}{1 + \tan^2 \theta_3 \cos^2 \beta} = \frac{\cos \beta}{\dfrac{1 + \tan^2 \theta_3 \cos^2 \beta}{\sin^2 \theta_3}}$$

$$= \frac{\cos \beta}{\cos^2 \theta_3 + \sin^2 \theta_3 \cos^2 \beta}$$

$$\because \cos^2 \beta + \sin^2 \beta = 1$$

$$\therefore \frac{\omega_2}{\omega_3} = \frac{\cos \beta}{\cos^2 \theta_3 + \sin^2 \theta_3 (1 - \sin^2 \beta)}$$

$$= \frac{\cos \beta}{1 - \sin^2 \theta_3 \sin^2 \beta}$$

所以單一個虎克接頭時，當 ω_3 等角速運動時，則 ω_2 為變角速運動，其角加速度為

$$\alpha_2 = \frac{d\omega_2}{dt} = \frac{d}{dt} \left[\frac{\omega_3 \cos \beta}{1 - \sin^2 \theta_3 \sin^2 \beta} \right]$$

$$= \omega_3^2 \frac{\cos \beta \sin^2 \beta \sin 2\theta_3}{(1 - \sin^2 \theta_3 \sin^2 \beta)^2}$$

如果以兩萬向接頭，則可得等角速比的傳動，如圖 3-33 所示，$\beta_1 = \beta_2$，則不論何時，$\omega_2 / \omega_4 = 1$。

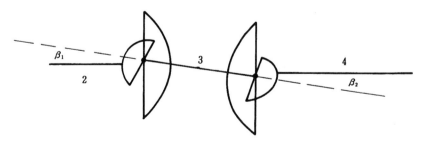

▶ 圖 3-33

1. 在四連桿組中，圖 E-1 所示，固定 1 桿的機構稱為曲柄機構，試說明構成 2 桿完全迴轉，和 4 桿做左右搖擺的條件。

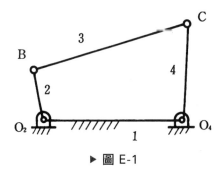

▶ 圖 E-1

2. 轎車轉彎時，各輪的位置應滿足何條件？若前輪採四連桿組，則四連桿與車輪要如何配置？

3. 圖 E-2 為曲柄滑塊，$a = 10\,cm$，$b = 35\,cm$，$c = 5\,cm$，求滑塊的衝程為何？

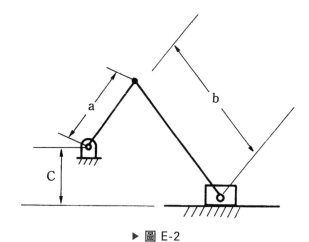

▶ 圖 E-2

4. 求圖 E-3，切削行程與回程的時間比？

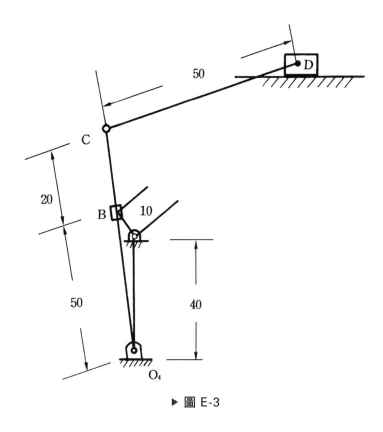

▶ 圖 E-3

5. 試說明構成雙搖桿的條件為何？

6. 圖 E-4，求由柄滑塊的衝程為何，其中 $a = 2.5\,\text{cm}$ ， $b = 4.8\,\text{cm}$ ， $c = 1\,\text{cm}$ ， $\omega = 10\,\text{rad/s}$ 。

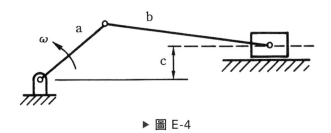

▶ 圖 E-4

7. 圖 E-5 曲柄搖桿，由柄 $AB = 2.5\,\text{cm}$ ， $AD = 10\,\text{cm}$ ， $BC = 10.5\,\text{cm}$ ， $DC = 4.5\,\text{cm}$ ，
   求 DC 桿擺動的角度。

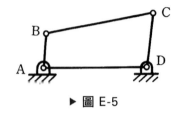

▶ 圖 E-5

8. 四連桿機構中，何種連桿組可以沒有死點。

9. 理論上，四連桿機構的最佳傳輸角為何？

CHAPTER 04

用瞬心求速度

MECHANISMS

4-1 概　述

　　機械運轉時，所使用機構的運動特性，會影響機械的震動，機件的受力，加工之準確性，傳輸功率之大小等，唯有能夠掌握機構特性的設計者，才能於機構設計時，將可能發生的問題防範於未然。機構的運動特性，速度和加速度，是相當重要的一環，例如：機件間所承受的應力大小，與速度有絕對的關係；機件的慣性力，亦與速度有關；速度改變，即產生加速度。因此速度分析，為研究機動學很重要的課題。

　　常用的速度分析法有：

1. **瞬心法**

2. **速度分解合成法**

3. **相對速度法**

4-2 瞬　心

　　瞬心(Instnt center)的定義：

1. 兩物體的共有點，物體永久或在某一瞬間，繞此點轉動。

2. 兩物體在瞬心上的速度，大小相等、方向相同。即兩物體的共有點，若兩物體在該點的速度相等，該共有點才是瞬心。

　　瞬心的種類：

固定中心： 圖 4-1 中，曲柄 2 及 4，分別繞固定機架旋轉或搖擺，其銷接處稱固定瞬心，如圖 4-1 中，點 12，及點 14 均是固定瞬心。

　　　　　　註： 桿 1 及桿 2，在點 12 的速度相等，皆為零。點 14 的速度亦為零。

永久中心： 一機件繞另一機件運動時，其銷接處的點，如圖 4-1 中，點 23 及點 34。

　　　　　　註： 桿 2 及桿 3 的共有點 23，速度相等。桿 3 及桿 4 的共有點 34，速度亦相等。

瞬時中心：一機件繞另一機件運動，空間中的共有點，此點位置隨時在改變。如圖
4-1 中的點 13 及點 24。

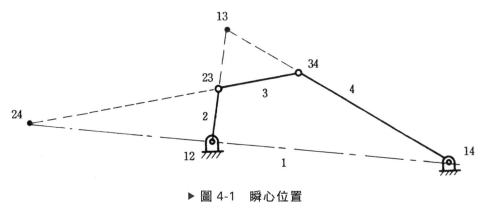

▶ 圖 4-1　瞬心位置

4-3　瞬心的總數

機構中任意兩桿，彼此間有相對運動，則有一共同的瞬心，因此機構構成的
件數愈多，形狀愈複雜，其瞬心愈多。

$$瞬心數目 = \frac{N(N-1)}{2} \quad （N 為連桿數目）$$

4-4　甘乃迪三心定律

三個物體，互作相對運動時，恰有三個瞬心，且三個瞬心恆在一直線上，此
謂**三心定律**(Law of three centers)。

圖 4-2，1 為機架，2、3 分別繞機架旋轉，因此活動銷 12 及 13 為兩個已知瞬
心，但第三個瞬心未知，由以下說明，求第三個瞬心。

圖 4-2，設未知的瞬心在 P 點，對連桿 2 來說，在 P 點的線速度 V_{2P}（$\perp 12 - P$），
對連桿 3 來說，在 P 點也有線速度 V_{3P}（$\perp 13 - P$），不管 V_{3P} 與 V_{2P} 是否有相同的線速
率大小，但方向明顯不一致，所以 P 點不可能是瞬心**（瞬心的定義：在共同點上，
兩物體速度大小相等，且方向相同才是瞬心）**。因此第三個瞬心 P 點，只有在 12 與
13 的連線，即 23 處（圖 4-2 所示），連桿 2 與 3，在此點（23 處）的速度方向才
有可能相同。因此，三個物體，有三個瞬心，且三個瞬心必共線，但第三個瞬心

（23 點）的位置，只知必在 12 及 13 的連線上，確切位置，則視連桿 2 與 3 的相對運動來決定。

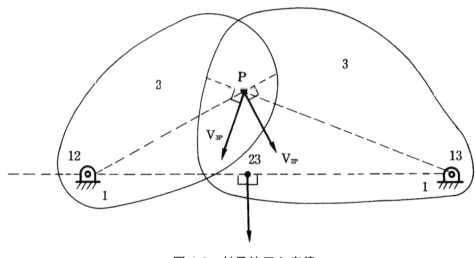

▶ 圖 4-2　甘乃迪三心定律

📖 例題 4-1

圖 4-3 所示，已知物體 2、物體 3，分別繞機架 1 旋轉，且物體 2 中，B 點的速度為 V_B（已知大小及方向），物體 3 中，C 點的速度 V_C（已知大小及方向），求瞬心。

✏ 解

連桿數目　$N = 3$

$\therefore$ 瞬心數目 $= \dfrac{N(N-1)}{2} = \dfrac{3(3-1)}{2} = 3$

觀察圖 4-3，活動銷(12)及(13)即為其瞬心。第三個瞬心，由甘乃迪定理知，三物體的瞬心在同一連線上，可知第三個瞬心，必在(12)(13)的連線上。因此，將 V_B 及 V_C 分別旋轉，移動到 B' 及 C'，且 $V_B = V_B'$，$V_C = V_C'$，連接 12 及 V_B'，13 及 V_C'，得交點 P。瞬心，必須是兩物體的共同點，在此點兩物體有相等的線速度。

若將 23 點視為物體 2 上的一點，23 點的速度為 V_P。

若將 23 點視為物體 3 上的一點，23 點的速度為 V_P。

因此，23 點即為其第三個瞬心。

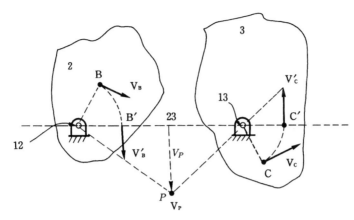

▶ 圖 4-3　已知 V_B 及 V_C（已知速度大小及方向）

例題 4-2

　　圖 4-4，已知連桿 2、連桿 3，分別繞機架 1 旋轉，且 B、C 點的速度分別為 V_B 及 V_C（已知速度大小及方向），求瞬心的位置。

解

　　將 B 及 C 的速度分別轉移到 B'，C'，且 $V_B = V_B'$，$V_C = V_C'$

　　連接 12 及 V_B'，13 及 V_C'，得交點 P

　　若將 23 點視為物體 2 上的一點，則物體 2 在點 23 的速度為 V_P。

　　若將 23 點視為物體 3 上的一點，則物體 3 在點 23 的速度為 V_P。

　　∴所以 23 點為其第三個瞬心。

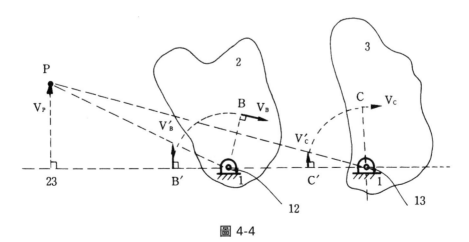

圖 4-4

📖 **例題 4-3**

圖 4-5，已知桿件 2、桿件 4 兩物體做滑動接觸，其接觸點 P_2、P_4 的速度分別為 V_{P_2} 及 V_{P_4}，求瞬心。

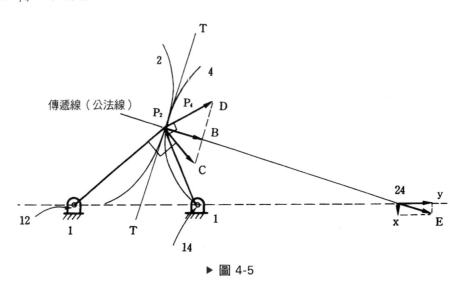

▶ 圖 4-5

🔧 **解**

一剛性物體在同一方向的速度應相等，即如圖 4-6 所示，C 點的速度為 V_C，其延長線上的任一點速度應相等，即 $V_C = V_C'$。

因此，圖 4-5 中，桿 2 及桿 4，在公法線上的速度皆為 $(24-E)$，即 $(24-E) = P_2B = P_4B$。再將速度 $(24-E)$ 分解成 $(24-y)$ 及 $(24-x)$，顯然，$(24-x)$ 對 (12) 及 (14) 兩瞬心，具有相同的速度，符合瞬心定義的條件。因此 24 點即為所求的瞬心。

根據此例，得一結論：兩桿件作滑動接觸時，第三個瞬心在兩桿件切點的公法線與連心線的交點上。

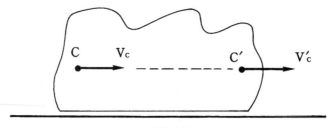

▶ 圖 4-6

4-5　瞬心位置

彼此做相對運動的二個物體，均有一瞬心，其位置決定如下：

1. 在銷接處的瞬心

固定瞬心，如圖 4-1 中 12 及 14。永久瞬心，如圖 4-1 中 23 及 24。

2. 某機件，任兩點的速度方向已知，求瞬心

機件上任兩點的速度方向已知時，則與該兩點速度垂直的方向，所劃兩線的交點，即為瞬心。圖 4-7(a)、(b)所示，機件 2 在某一瞬間，以 12 為旋轉中心，而此中心的位置，隨機件所在的位置而變動，稱**瞬時中心**。

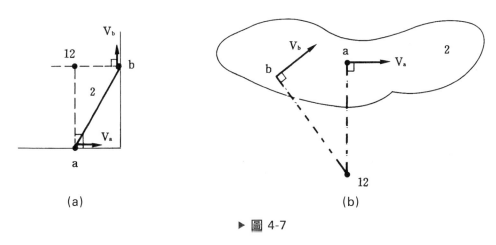

(a)　　　　　　　　　　　　　　　　(b)

▶ 圖 4-7

3. 滑動物體的瞬心

做圓弧運動的滑塊，其瞬心在圓弧動路的曲率中心上，如圖 4-8 所示，瞬心 12。

圖 4-9，直線運動的滑塊，其瞬心 12，在滑塊上方，或下方的無窮遠處。

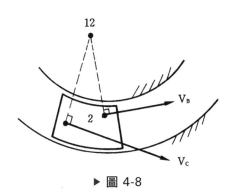

▶ 圖 4-8

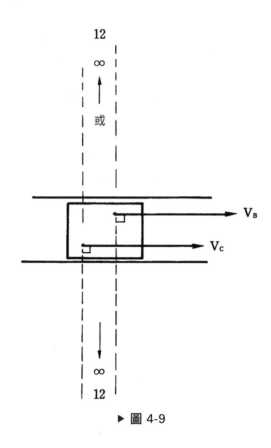

▶ 圖 4-9

4. 直接接觸物體的瞬心

物體做滑動接觸時，其瞬心 23，在連心線與公法線的交點，如圖 4-10 所示。

物體做滾動接觸時，瞬心在接觸點上，如圖 4-11(a)瞬心 23，圖 4-11(b)瞬心 12，圖 4-11(c)瞬心 23。

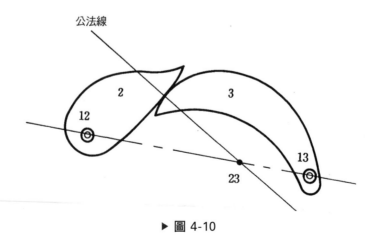

▶ 圖 4-10

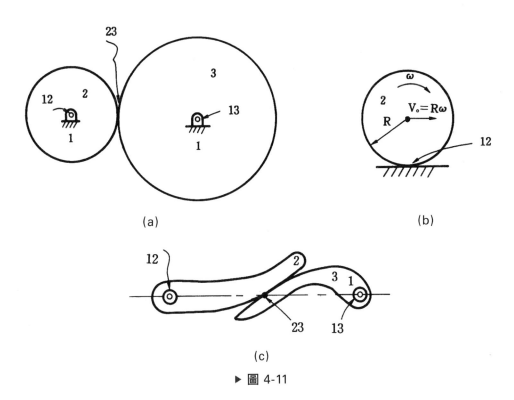

(a)

(b)

(c)

▶ 圖 4-11

例題 4-4

求圖 4-12 的所有瞬心。

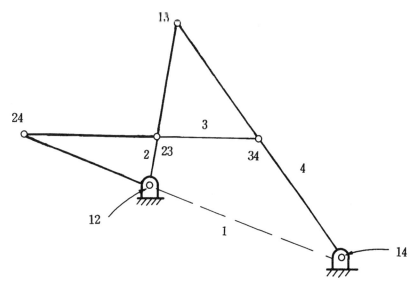

▶ 圖 4-12

📌 解

由甘乃迪定理知：連桿 1、2 和 3 有三個瞬心，即 12、23、13，且在同一直線上，如圖 4-12。同理連桿 3、4 及 1 亦有三個瞬心，即 34、14、13，且在同一直線上，因此得瞬心 13 必在圖 4-12 中(12－23)及(14－34)之延長線的交點上。

用圖解法求瞬心：如圖 4-13 所示，因有四根連桿，所以標出四點(1，2，3，4)，每點代表一根連桿。

先找出圖 4-12 的主要瞬心，即 12、14、23、34（以上為銷接處的瞬心）；將圖 4-13 中的(12)(23)(34)(14)以實線連接。其餘瞬心利用甘乃迪定理求出，欲求 13 瞬心，在圖 4-13 中劃 13 的虛線（註：任一虛線皆形成三角形）；圖 4-13 中 13 虛線可得到 Δ123 及 Δ341，利用 Δ123 及 Δ341 可定出瞬心 13。

圖 4-13 中 Δ123 有(12)(23)瞬心，Δ341 有(14)(34)瞬心，因此將圖 4-12 中的(12－23)連接且劃延長線，(14－34)連接且劃延長線得一交點，是為 13 瞬心（圖 4-12）。

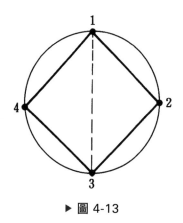

▶ 圖 4-13

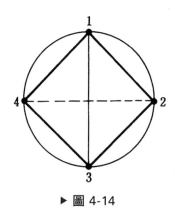

▶ 圖 4-14

求出 13 瞬心後，就將虛線改劃成實線，如圖 4-14。再利用圖 4-14 中 Δ214 及 Δ432 求瞬心 24，同上原理瞬心 24，必在(12－14)連線，及(23－34)連線，二線的交點上，如圖 4-12 所示。

📃 **例題 4-5**

求圖 4-15 的所有瞬心。

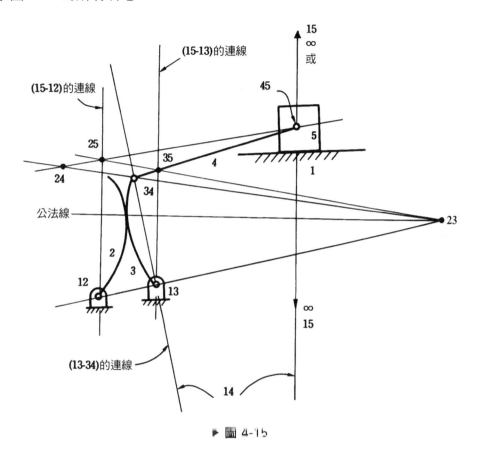

▶ 圖 4-15

🚀 **解**

瞬心數目 $= \dfrac{N(N-1)}{2} = \dfrac{5(5-1)}{2} = 10$ 個

以圖解求瞬心，同例 4-4，因有 5 根連桿，所以標出 5 點，每點代表一根連桿。先找出主瞬心即(12)(13)(15)(34)(45)，將其以實線連結如圖 4-16。

其餘瞬心以虛線劃在圖 4-16 上。

(23)由 (13−12) 的連線，與公法線的交點求出。

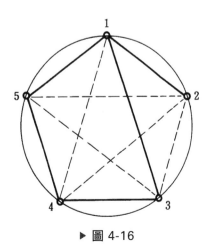

▶ 圖 4-16

(14)由 Δ134 及 Δ451 完成；即(14)在圖 4-15 之 (13－34) 及 (15－45)的交點上。

(35)由 Δ513 及 Δ345 完成；即(35)在圖 4-15 之 (15－13) 及 (34－45)的交點上。

(25)由 Δ512 及 Δ532 完成；則(25)在圖 4-15 之 (15－12) 及 (23－35)的交點上。

(24)由 Δ254 及 Δ432 完成；則(24)在圖 4-15 之 (25－45) 及 (23－34)的交點上。

4-6　瞬心線

　　瞬心有些固定在機架上，有些則是隨運動時連桿間相位不同，改變瞬心的位置，將瞬心移動的軌跡描繪出來，稱**瞬心線**，如圖 4-17、4-18 所示。

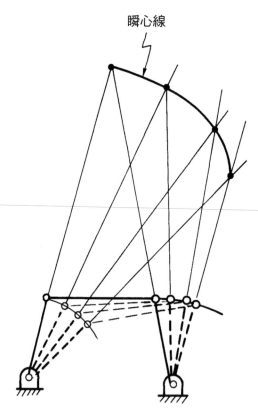

▶ 圖 4-17

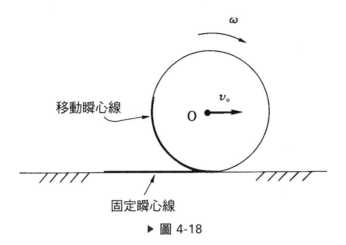

移動瞬心線

固定瞬心線

▶ 圖 4-18

4-7 用瞬心來求速度

📖 例題 4-6

圖 4-19，已知各桿長度及 ω_2，求 ω_3、ω_4 及點 C、D、E、F 的速度。

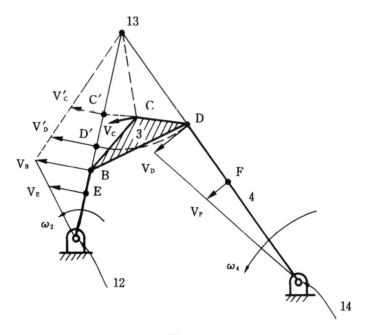

▶ 圖 4-19

解

註： $(12-B)$ 代表該兩點直線長，其餘類推。

$V_B = (12-B)\omega_2$，且方向$\perp$桿$12-B$，與ω_2同方向

點 B 及 E，皆繞 12 點旋轉，所以角速度 ω_2 相同。因此 $V_E = (12-E)\omega_2$，且方向$\perp$桿$12-E$，與 ω_2 同方向

亦可由圖 4-19 之相似三角形

$$\frac{V_E}{V_B} = \frac{(12-E)}{(12-B)}$$

得　　$V_E = V_B\left(\frac{12-E}{12-B}\right)$

點 B 及 C、D，皆繞 13 旋轉

$$V_B = (13-B)\omega_3 = (12-B)\omega_2$$

（即 B 點同時繞 12 及 13 轉動）

$$\therefore \omega_3 = \frac{(12-B)}{(13-B)}\omega_2$$

$$\therefore V_C = (13-C)\omega_3 = (13-C)\frac{12-B}{13-B}\omega_2$$

$$V_D = (13-D)\omega_3 = (13-D)\frac{12-B}{13-B}\omega_2$$

亦可由圖 4-19 中相似三角形得

$$\frac{V_C'}{V_B} = \frac{(13-C')}{13-B}$$

$$\therefore V_C = V_C' = V_B\left(\frac{13-C'}{13-B}\right)$$

$$\frac{V_D'}{V_B} = \frac{(13-D')}{13-B}$$

$$\therefore V_D = V_D' = V_B\left(\frac{13-D'}{13-B}\right)$$

點 D 及 F 繞(14)旋轉

$$V_D = (13-D)\omega_3 = (14-D)\omega_4$$

（即 D 點同時繞 14 及 13 轉動）

$$\therefore \omega_4 = \frac{(13-D)}{(14-D)}\omega_3$$

$$\therefore V_F = (14-F)\omega_4 = (14-F)\frac{13-D}{14-D}\omega_3$$

亦可由圖 4-19 中相似三角形得

$$\frac{V_F}{V_D} = \frac{(14-F)}{14-D}$$

$$\therefore V_F = V_D\left(\frac{14-F}{14-D}\right)$$

📁 **例題 4-7**

圖 4-20，已知各桿尺寸，滾圓半徑及 ω_2，求 ω_3、ω_4 及點 C、E 的速度。

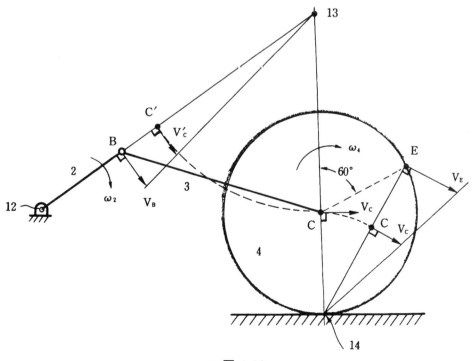

▶ 圖 4-20

解

註：$(12-B)$ 代表該兩點直線長，其餘類推。

$$V_B = (12-B)\omega_2 \text{，且方向} \perp \text{桿} 12-B \text{，與} \omega_2 \text{同方向}$$

點 B 及 C，皆繞瞬心(13)旋轉

$$\because V_D = (13-B)\omega_3 = (12-B)\omega_2$$

（B 點，同時繞 12 及 13 轉動）

$$\therefore \omega_3 = \frac{(12-B)}{(13-B)}\omega_2$$

$$\therefore V_C = (13-C)\omega_3 = (13-C)\frac{12-B}{13-B}\omega_2$$

另外，亦可由圖 4-20 中相似三角形得

$$\frac{V_C'}{V_B} = \frac{(13-C')}{13-B}$$

$$\therefore V_C = V_C' = V_B\left(\frac{13-C'}{13-B}\right)$$

點 C 及 E 繞(14)旋轉

$$V_C = (13-C)\omega_3 = (14-C)\omega_4$$

（C 點同時繞 13 及 14 轉動）

$$\therefore \omega_4 = \frac{(13-C)}{(14-C)}\omega_3$$

$$\therefore V_E = (14-F)\omega_4$$

另外，亦可由圖 4-20 中相似三角形得

$$\frac{V_E}{V_C} = \frac{(14-E)}{14-C}$$

$$\therefore V_E = V_C\left(\frac{14-E}{14-C}\right)$$

例題 4-8

圖 4-21，已知 ω_2，求從動件 3 的速度

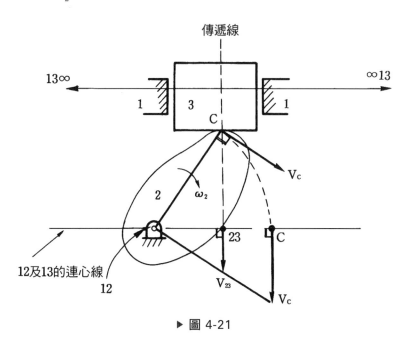

▶ 圖 4-21

解

註： $(12-23)$ 代表該兩點直線長，其餘類推。

$$V_C = (12-C)\omega_2$$

瞬心(23)利甘乃迪定理，由連心線(12)(13)及傳遞線的交點求得。

將瞬心(23)視為凸輪 2 上的一點，則速度的方向必垂直於半徑 12-23，其大小為

$$V_{23} = (12-23)\omega_2$$

亦可由圖 4-21 中相似三角形求得

$$\frac{V_{23}}{V_C} = \frac{(12-23)}{(12-C)}$$

$$\therefore V_{23} = V_C\left(\frac{12-23}{12-C}\right)$$

若將 23 視為從動件 3 上的一點，則因連桿 3 作直線運動，其速度方向沿傳遞線，故從動件 3 的速度大小為 V_{23}

📧 例題 4-9

圖 4-22，已知滑塊 2 中，B 點的速度為 V_B 向左，求 ω_3 及 V_C。

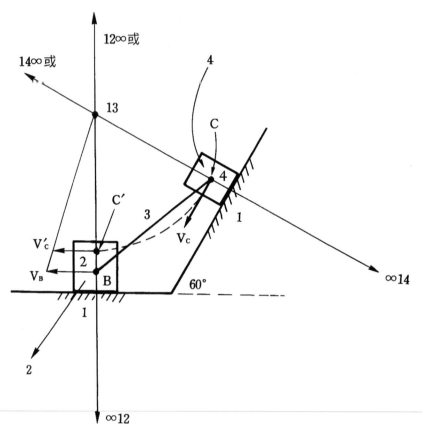

▶ 圖 4-22

✍ 解

　　首先求得桿 3 的瞬心 13。V_B 可視為以(12)為圓心，作直線運動，亦可視為繞(13)旋轉。因為桿 3 繞(13)旋轉，而 B 點，為滑塊 2 及桿 3 的共有點

$$\therefore V_B = (13 - B)\omega_3$$

$$\omega_3 = \frac{V_B}{(13 - B)} \quad （題目 V_B 已知）$$

$$V_C = (13 - C)\omega_3 = (13 - C)\left(\frac{V_B}{13 - B}\right)$$

亦可由圖 4-22 中相似三角形得

$$\frac{V'_C}{V_B} = \frac{(13 - C')}{13 - B}$$

$$\therefore V_C = V'_C = V_B \left(\frac{13 - C'}{13 - B} \right)$$

例題 4-10

圖 4-23，已知圓盤半徑為 3 m，$V_C = 10$ m/s（水平向右），$V_B = 5$ m/s（水平向左），求 V_D 的大小？

解

先找出瞬心（O 點不是圓盤的瞬心）。因整個圓盤的角速度相等

$$\therefore V_C = R_C \omega \quad \therefore 10 = R_C \omega$$

$$V_B = R_B \omega \quad \therefore 5 = R_B \omega$$

$$\therefore \frac{R_C}{R_B} = \frac{10}{5} = \frac{2}{1}$$

且 $R_C + R_B = 6$ m

$$\therefore R_C = 4 \text{ m} \text{，} R_B = 2 \text{ m}$$

$\therefore$ 圖 4-23，得點 E，是該圓盤的瞬心，且該圓盤的角速度為

$$10 = 4 \times \omega$$

$$\therefore \omega = 2.5 \,(\text{rad/s})$$

因此

$$V_D = (ED) \times \omega = \sqrt{(OD)^2 + (OB - EB)^2} \times \omega$$

$$= \sqrt{3^2 + 1^2} \times 2.5 = 2.5\sqrt{10} \text{ m/s}$$

方向 $\perp ED$，且與 ω 同向

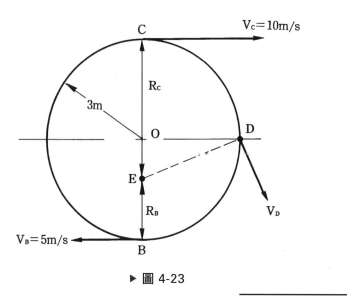

▶ 圖 4-23

圖 4-24 中，$O_2B = 3\,\text{cm}$ ，$BD = 8\,\text{cm}$ ，$\angle BO_2D = 40°$ ，$N_2 = 2000\,rpm\,(\circlearrowright)$，求 ω_3 及點 P 的速度。

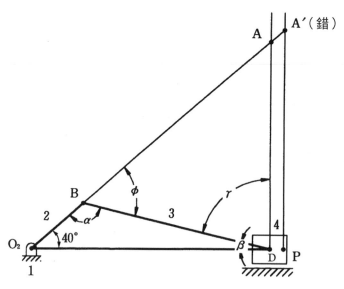

▶ 圖 4-24

解

首先找桿 3 的瞬心，注意點 P 不屬於桿 3，所以 A' 點不是瞬心，A 點才是桿 3 的瞬心。

$$\omega_2 = \frac{2\pi N_2}{60} = \frac{2\pi \times 2000}{60} = 209.4 \text{ rad/s}$$

$$V_B = O_2B \times \omega_2 = 3 \times 209.4 = 628.3 \text{ (cm/s)}$$

（ V_B 同時繞 O_2 及 A 點旋轉，V_B 不是繞 A' 旋轉）

$$V_B = AB \times \omega_{AB} \cdots\cdots\cdots ①$$

若求得 AB，即可得 ω_{AB}

$$\because \frac{BD}{\sin 40°} = \frac{O_2B}{\sin \beta}$$

$$\therefore \sin \beta = (\sin 40°)\frac{3}{8} \quad \therefore 得 \beta = 14°$$

$$\gamma = 90° - \beta = 76° , \quad \alpha = 180° - 40° - \beta = 126°$$

$$\therefore \phi = 180° - \alpha = 54°$$

$$\frac{AB}{\sin \gamma} = \frac{BD}{\sin(180 - \phi - \gamma)}$$

$$\therefore \frac{AB}{\sin 76°} = \frac{8}{\sin 50°}$$

得　$AB = 10.13$ cm，代入①

得　$628.3 = 10.13\omega_{AB} \quad \therefore \omega_{AB} = 62$ (rad/s)

$$\because \omega_{AB} = \omega_{BD} = \omega_{AD} = \omega_3 \quad （同一物體角速度相等）$$

$$\frac{AD}{\sin \phi} = \frac{BD}{\sin(180 - \phi - \gamma)}$$

$$\therefore \frac{AD}{\sin 54°} = \frac{8}{\sin 50°} ，得 AD = 8.45 \text{ cm}$$

$$V_P = V_D = (AD)\omega_{AB} = 523.9 \text{ cm/s}$$

習題四

1. 圖 E-1 所示，$r_i = 15\,\text{cm}$，$r_o = 25\,\text{cm}$，$V_A = 10\,\text{m/s}$ 向左，$V_B = 5\,\text{m/s}$ 向右（沒有任何滑動），求圓心 O 點的速度大小。

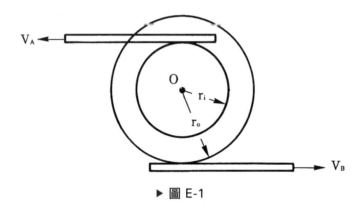

▶ 圖 E-1

2. 圖 E-2 所示，已知 $V_B = 10\,\text{m/s}$，求 ω_3 及 D 及 C 的速度。

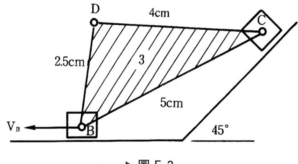

▶ 圖 E-2

3. 求圖 E-3 的瞬心位置。

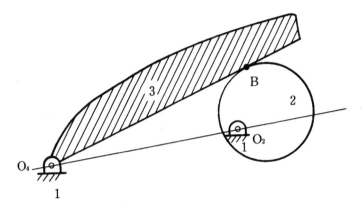

▶ 圖 E-3

4. (a) 求圖 E-4 的所有瞬心。

　(b) 已知 ω_2，求 V_C 及 V_D。

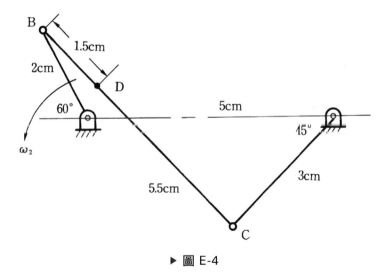

▶ 圖 E-4

5. 何謂瞬心線。

6. 何謂甘乃迪定理。

7. 如圖 E-5，桿 *AB* 與桿 *BC* 垂直，桿 *AB* = 2 m，桿 *BC* = 2 m，滑塊 *C* 的速度為 4 m/s，沿斜槽向上，求(a) *AB* 及 *BC* 桿的角速度；(b) *B* 點的速度。

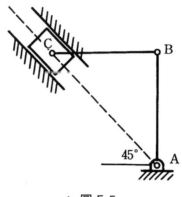

▶ 圖 E-5

8. 圖 E-6，桿 *AB* = 0.2 m，*BC* = 0.1 m，已知 V_A 向 2 m/s，求 V_B 及 V_C。

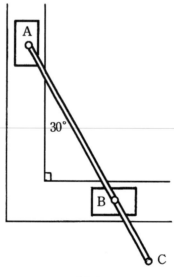

▶ 圖 E-6

CHAPTER 05

速度分解合成及
相對速度法求速度

本章綱要

MECHANISMS

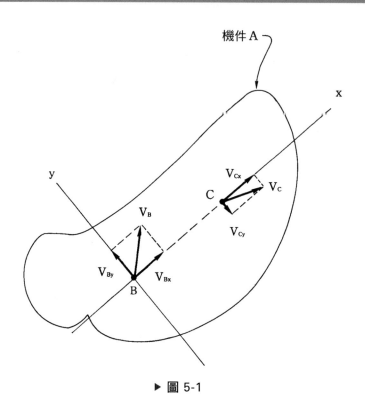

▶ 圖 5-1

　　圖 5-1，已知機件 A 上的 V_B 及 V_C（速度的大小及方向皆已知），若 x 軸為 B、C 兩點的連線，且 y 軸垂直 x 軸，V_B 分解成 V_{Bx} 及 V_{By}，V_C 解成 V_{Cx} 及 V_{Cy}；若 $V_{Bx} > V_{Cx}$，則 B、C 兩點的距離必縮小（即機件壓縮變形）；若 $V_{Bx} < V_{Cx}$，則 B、C 兩點的距離必拉長（即機件伸長變形）。所以若機件 A 上，任兩點的距離不變（在機動學，通常設機件不變形），則

$$V_{Bx} = V_{Cx} \tag{5-1}$$

　　圖 5-1 中，B 相對於 C 速度（或說成 C 看 B 的相對速度）為 $V_{B/C}$

$$V_{B/C} = V_B - V_C \tag{5-2}$$

而 　　　$$V_{B/C} = V_B - V_C = V_{By} - V_{Cy} \tag{5-3}$$

　　（圖 5-1 中，V_{Bx} 與 V_{Cx} 剛好抵消，且 V_{By} 及 V_{Cx} 與 x 軸垂直）

即任一機件上，兩點的相對速度，必與兩點的連線垂直。（在 2-10-2 節中已述過）

$$\omega_{B/C} = \frac{V_{B/C}}{BC} \tag{5-4}$$

即機件的角速度，等於其上兩點間的相對速度除以兩點間的距離。

例題 5-1

圖 5-2 中，已知 $V_B = 3 \, \text{m/s}$ 向右，B 點坐標$(4,5)$，C 點坐標$(7,9)$，求 C 點速度(V_C)的大小。

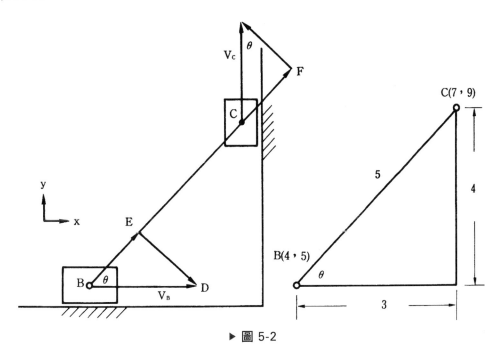

▶ 圖 5-2

解

圖 5-2，已知 $V_B = BD = 3 \, \text{m/s}$，由(5-1)式的觀念得知 V_B 在 BC 桿的分量等於 V_C 在 BC 桿的分量，即

$$BE = V_B \cos\theta \quad , \quad CF = V_C \sin\theta$$

且　$CF = BE$　∴$V_B \cos\theta = V_C \sin\theta$

$$\therefore 3 \times \frac{3}{5} = V_C \times \frac{4}{5}$$

$$\therefore V_C = \frac{9}{4} \text{ m/s}$$

例題 5-2

圖 5-3 所示，已知 ω_2，求桿 3 上 F 點的速度。

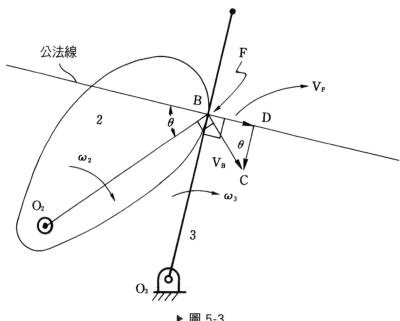

▶ 圖 5-3

解

圖 5-3，桿 2，點 B 之速度大小為

$$V_B = (O_2B)\omega_2$$

V_B 在公法線的分量為 BD，$\therefore BD = V_B \sin\theta$

桿 3 中，F 點的速度為 FD，即 $V_F = FD$，它在公法線上的分量，剛好是 BD

$$\therefore V_F = FD = BD = V_B \sin\theta = (O_2B)\omega_2 \sin\theta$$

例題 5-3

圖 5-4，已知 $\omega_2 = 10 \text{ rad/s}$， $DB = 2.8 \text{ cm}$， $AD = 3 \text{ cm}$， $AC = 8 \text{ cm}$，求 C 點的速度。

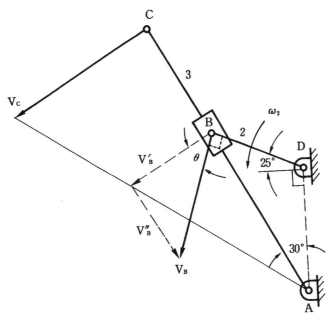

▶ 圖 5-4

解

圖 5-4 中， $\theta = 35°$， $V_B = (DB) \times \omega_2 = 2.8 \times 10 = 28 \text{ cm/s}$

滑塊 B，在沿著連桿 3，及垂直連桿 3 的速度分量，分別為

$V_B'' = V_B \sin\theta = 28 \times \sin 35° = 16.06 \text{ cm/s} \quad$（滑塊 B 沿著連桿 3 的速度分量）

$V_B' = V_B \cos\theta = 28 \times \cos 35° = 22.93 \text{ cm/s} \quad$（滑塊 B 垂直連桿 3 的速度分量）

而 V_B' 的大小，恰為連桿 3 在 B 點的速度大小，而連桿 3 繞點 A 旋轉，因此由相似三角形，得

$$\frac{V_C}{V_B'} = \frac{(AC)}{(AB)}$$

$$\left[AB = \sqrt{(DB)^2 + (AD)^2 - 2(DB)(AD)\cos(90+25)} = 4.89 \text{ cm} \right]$$

$$\therefore V_C = 22.92 \frac{8}{4.89} = 37.51 \text{ cm/s}$$

📼 例題 5-4

圖 5-5，已知 ω_2、α、β、γ、ϕ 及各桿長，求 D 點的速度？

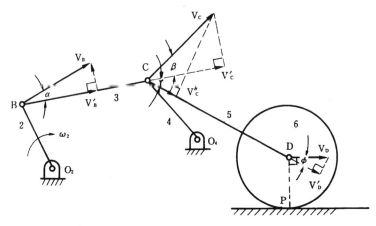

▶ 圖 5-5

📝 解

$V_B = (O_2B)\omega_2$，V_B 在連桿 3 上的分量，為 $V_B' = V_B \cos\alpha$。點 C 的速度在連桿 3 的分量為 $V_C' = V_C \cos\beta$，由(5-1)式的觀念知 $V_C' = V_B'$

$\therefore V_B \cos\alpha = V_C \cos\beta \quad$ （V_B，α，β 已知）

$\therefore C$ 點的速度 $V_C = \dfrac{V_B \cos\alpha}{\cos\beta}$

再將點 C 的速度，沿連桿 5 分解，得 $V_C'' = V_C \cos(\gamma + \beta)$，點 D 在連桿 5 上的分量為 $V_D' = V_D \cos\phi$

同樣由(5-1)式的觀念得 $\quad V_D' = V_C''$

$\therefore V_D \cos\phi = V_C \cos(\gamma + \beta)$

$\therefore V_D = \dfrac{V_C \cos(\gamma + \beta)}{\cos\phi}$

因此 D 點的速度，即可求出，如圖 5-5 所示。

往後的加速度分析法,與相對速度法很類似,因此,此種速度分析法,更顯重要。

在第 2-9 節,曾提及相對速度的觀念,簡言之,速度是向量,其加法須用作圖法,以箭頭加箭尾的方式相加(不可用純量的方式,將大小相加,除非是在同一方向)。

由 5-1 圖中,得知幾個重要結論:

① 式(5-2)$V_{B/C} = V_B - V_C$,任兩物體的相對速度,為該兩物體的絕對速度差。

註:可以是同一物體或不同的兩物體。

② 式(5-3)$V_{B/C} = V_B - V_C = V_{By} - V_{cy}$,同一個機件上,任意兩點的相對速度的方向,必與該兩點連線垂直。

註:須同一物體才成立,不同物體則不成立。

③ 式(5-4)$\omega_{B/C} = \dfrac{V_{B/C}}{BC}$,同一個機件上的角速度,等於機件上兩任意點的相對速度除以該兩點的距離。

註:須同一物體才成立。

例題 5-5

圖 5-6(a)所示,已知各桿長、各桿相對位置及 ω_2,求 V_D。

解

速度是向量,包括大小及方向,因此一個速度方程式,可解兩個未知數。圖 5-6(a)中,已知 $V_B = (O_2B)\omega_2$,欲求 V_D,則若由(5-2)式,寫成

方法一:$V_{B/D} = V_B - V_D$

或寫成

$$V_{D/B} = V_D - V_B$$

$$\therefore \overset{\times\checkmark}{V_D} = \overset{\checkmark\checkmark}{V_B} + \overset{\times\times}{V_{D/B}}$$

(×表示未知、✓表示已知,有三個未知數,一個速度方程式,只能解 2 個未知數,需要配合其他條件,故方法一,無法解出答案)

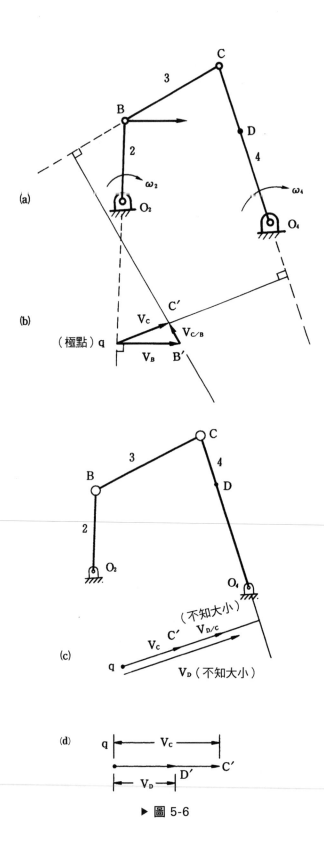

▶ 圖 5-6

V_D：大小不知，方向已知（⊥桿 4）

V_B：大小，方向皆知

$V_{D/B}$：大小不知，方向亦不知

（5-2 節，結論②：兩點相對速度的方向，垂直兩點的連線，但須是同一機件。點 D 及 B 不是同一機件，故 $V_{D/B}$ 方向並非垂直 D、B 兩點連線，而是未知）

方法二：因此欲求 V_D 須先求 V_C。

由式(5-2)得知

$V_{B/C} = V_B - V_C$ 或寫成 $V_{C/B} = V_C - V_B$ 都可以

$\therefore \overset{×✓}{V_C} = \overset{✓✓}{V_B} + \overset{×✓}{V_{C/B}}$ （已知的打✓，未知的打×）（參考圖 5-6）

V_C：大小不知，方向已知($\perp O_4C$)

V_B：大小，方向皆知（大小為 $(O_2B)\omega_2$，方向 $\perp O_2B$）

$V_{C/B}$：大小不知，方向由 5-2 節結論②知，其方向必與 B、C 兩點垂直（即方向 ⊥ 桿 3）

利用向量加法，可得圖 5-6(b)，可求得 $V_C(=qC')$ 及 $V_{C/B}(=B'C')$ 的大小，方向。欲求 V_D，則

$\therefore \overset{×✓}{V_D} = \overset{✓✓}{V_C} + \overset{×✓}{V_{D/C}}$ （參考圖 5-6）

V_C：大小、方向皆知（圖 5-6(b)中的 V_C）

V_D：大小不知，方向已知（垂直 O_4C）

$V_{D/C}$：大小不知，方向已知（垂直 O_4C）

由上知 V_D、V_C 及 $V_{D/C}$ 的方向一致（皆 ⊥ 桿 4），因此無法用相對速度的作圖方式得到答案（因無法形成封閉三角形）；如圖 5-6(c)所示，因此，方法二、V_D 的大小無法求得。

方法三：$\therefore$ 求 V_D 可利用：

因 $V_D = \omega_4 \times (O_4D)$ (i)

      $V_C = \omega_4 \times (O_4C)$ (ii)

（D 與 C 皆繞 O_4 旋轉，$\therefore$ 角速度同為 ω_4）

$\dfrac{\text{i}}{\text{ii}} = \dfrac{V_D}{V_C} = \dfrac{O_4D}{O_4C}$

$$V_D = V_C \frac{O_4 D}{O_4 C}$$

V_C，$O_4 D$，$O_4 C$ 都已知，故可得圖 5-6(d)中的 V_D。

此可看成是 5-3 節中將介紹的速度影像法。

例題 5-6

圖 5-7(a)中，已知各桿長，各桿相對位置及 V_B，求 V_D。

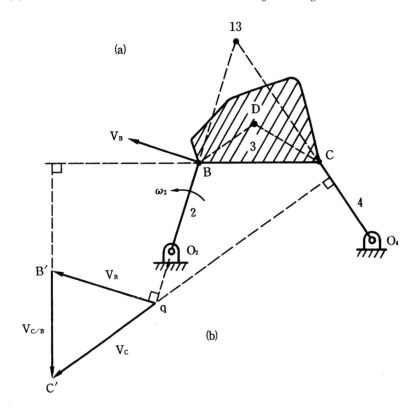

▶ 圖 5-7

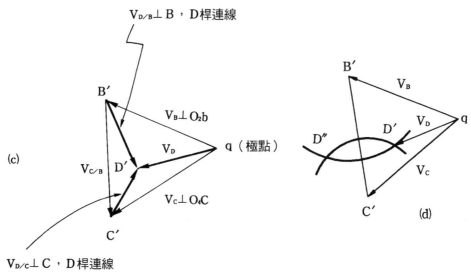

$V_{D/B} \perp B$，D桿連線

$V_B \perp O_2b$

V_D q（極點）

(c)

$V_{C/B}$ D′

$V_C \perp O_4C$

C′

$V_{D/C} \perp C$，D桿連線

B′ V_B

V_D q

D″ D′

V_C

C′ (d)

▶ 圖 5-7（續）

解

整個桿 3，繞瞬心(13)旋轉，因此，除非先找出(13)的位置，否則V_D的方向不知。但是在此，我們要利用相對速度法，而不利用(13)的瞬心，因此，V_D的方向及大小都未知。

$$\overset{\times\times}{V_D} = \overset{\checkmark\checkmark}{V_B} + \overset{\times\checkmark}{V_{D/B}} \tag{i}$$

V_D：大小、方向未知。

V_B：大小不知，方向已知。

$V_{D/B}$：大小未知，方向由 5-2 節結論②知，垂直於 B、D 連線。

上述方程式有三個未知數，因此無解，所以須先求V_C（因V_C方向已知）。

$$\overset{\times\checkmark}{V_C} = \overset{\checkmark\checkmark}{V_B} + \overset{\times\checkmark}{V_{C/B}} \tag{ii}$$

V_B：大小、方向已知。

V_C：大小不知，方向已知（垂直O_4C）。

$V_{C/B}$：大小未知，方向已知（垂直C、B連線）。

利用式(ii)，由向量加法，繪出圖 5-7(b)：找一適當點q，繪$V_B(=qB') \perp O_2B$，從B'處繪$V_{C/B}(=B'C') \perp$於C，B的連線，從點q繪一封閉三角形，得$V_C(=qC') \perp O_4C$（圖 5-7(b)）。

欲求 V_D，利用：

$$\therefore \quad \begin{aligned} V_D &= V_B + V_{D/B} \\ V_D &= V_C + V_{D/C} \end{aligned} \quad 兩式聯立$$

$$\therefore \quad V_B + V_{D/B} = V_C + V_{D/C} \tag{iii}$$

V_B，V_C：大小、方向已知。

$V_{D/B}$：大小不知，方向垂直 B、D 連線

（由 5-2 節結論②知）。

$V_{D/C}$：大小未知，方向垂直 C、D 連線

（由 5-2 節結論②知）。

利用式(iii)繪出圖 5-7(c)，$V_D = qD'$ 即為所求。

速度多邊形中，由極點 q 劃至各點的線段，表示原機構的絕對速度。而連接速度多邊形中任意點的線段，表示原機構中相對應點間的相對速度。如圖 5-7(c)所示。

5-3 速度影像

機構中的每一連桿，皆有一對應於其速度多邊形的圖像，如圖 5-7(c)中的 $B'C'$，$B'D'$，$C'D'$，分別垂直於圖 5-7(a)中的桿 $\overline{BC}$，$\overline{BD}$，$\overline{CD}$，即圖 5-7(c)中的 $\triangle B'C'D'$ 相似圖 5-7(a)中的 $\triangle BCD$，所以 $\triangle B'C'D'$ 稱為 $\triangle BCD$ 的圖像(Image)。

利用速度圖像的觀念，只要知道連桿上任意兩點的速度，即可劃出同一桿件中任意第三點的速度。

已知 $V_B = qB'$ 及 $V_C = qC'$，如圖 5-7(d)，欲求圖 5-7(a)中 D 點速度 V_D，因圖 5-7(a) $\triangle BCD$ 相似圖 5-7(d) $\triangle B'C'D'$，因此

$$\frac{B'D'}{BD} = \frac{B'C'}{BC}$$

$$\therefore \quad B'D' = BD\frac{B'C'}{BC}$$

（BD、BC 為已知的桿長，$B'C'$ 為已求得的 $V_{C/B}$）

$$\frac{C'D'}{CD} = \frac{B'C'}{BC}$$

$$\therefore C'D' = CD\frac{B'C'}{BC}$$

（CD、BC 為已知的桿長，$B'C'$ 為已求得的 $V_{C/B}$）

則圖 5-7(d)中

以 B' 為圓心，$BD\dfrac{B'C'}{BC}$ 為半徑劃弧

以 C' 為圓心，$CD\dfrac{B'C'}{BC}$ 為半徑劃弧，得兩個交點 D'、D''。因在圖 5-7(a)中 BCD 為逆時針方向，$\therefore$ 在圖 5-7(d)中 $B'C'D'$ 亦須逆時針方向，$\therefore$ 得 D' 點，連接 qD'，即為 V_D，此即為速度影像的觀念。

■ 例題 5-7

圖 5-8(a)所示，已知各桿長度，各桿相對位置，及 V_B，求 V_D。

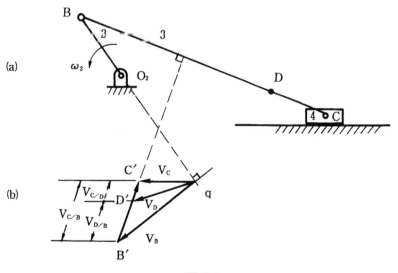

▶ 圖 5-8

解

$$\overset{\times\times}{V_D} = \overset{\checkmark\checkmark}{V_B} + \overset{\times\checkmark}{V_{D/B}} \qquad （有三個未知數） \tag{i}$$

$$\overset{\times\checkmark}{V_C} = \overset{\checkmark\checkmark}{V_B} + \overset{\times\checkmark}{V_{C/B}} \qquad （只有二個未知數） \tag{ii}$$

V_D：大小及方向未知。

V_B：大小及方向已知（垂直 O_2B）。

$V_{C/B}$：大小未知，方向垂直 BC 連線。

V_C：大小未知，方向平行滑槽。

利用(ii)式，可繪出圖 5-8(b)，可得 V_C 及 $V_{C/B}$。

欲求 V_D，可用速度影像法：即圖 5-8(a)中，桿 $\overline{BD}$、$\overline{DC}$ 與圖 5-8(b)中的 $B'D'$、$D'C'$ 成正比

$$\therefore \frac{B'D'}{BD} = \frac{B'C'}{BC}$$

$$\therefore B'D' = (BD)\frac{B'C'}{BC}$$

（BD、BC 為已知的桿長，$B'C'$ 為已求得的 $V_{C/B}$）

可求得 D' 點，連結 qD' 即為 V_D

📖 例題 5-8

圖 5-9，已知圓盤以 ω_2 的角速度做純滾動，求 V_B 及 $V_{p/o}$ 的大小及方向。

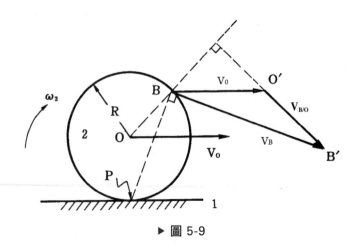

▶ 圖 5-9

解

$$V_0 = \omega_2(PO)$$

$$\overset{\times\checkmark}{V_B} = \overset{\checkmark\checkmark}{V_O} + \overset{\times\checkmark}{V_{B/O}}$$ (i)

V_B：大小未知，方向垂直於 P、B 連線。（因為整個圓盤在瞬間都繞 P 點旋轉）。

V_O：大小及方向皆知，$V_0 = \omega_2(PO)$，方向垂直於 PO 連線。

$V_{B/O}$：大小未知，方向垂直 OB 連線。

式(i)利用向量法，可求得 $V_B = BB'$（圖 5-9）

在圖 5-9 中，因做純滾動，所以接觸點的速度須相等，因地面 1 靜止不動，因此，

$$V_P = 0$$

而 $V_{P/O} = V_P - V_0 = -V_0$

所以 $V_{P/O}$ 的速度大小與 V_0 相等，但方向相反。

例題 5-9

圖 5-10(a)，P_2 和 P_4 分別為連桿 2 及 4 的點，在此瞬間 P_2 和 P_4 相接觸，其接觸點恰好在 O_2 及 O_4 的連心線上，該機構在此瞬間為滾動接觸。已知 V_C，求點 B 的速度。

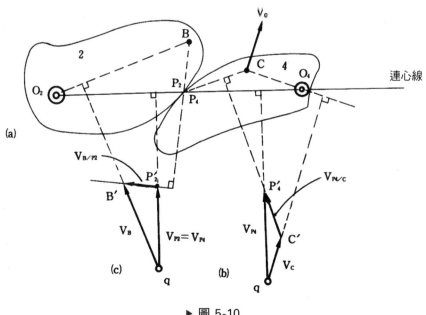

▶ 圖 5-10

解

$$\overset{\times\checkmark}{V_{P_4}} = \overset{\checkmark\checkmark}{V_C} + \overset{\times\checkmark}{V_{P_4/C}} \tag{i}$$

V_C：大小及方向已知。

V_{P_4}：大小不知，方向垂直 O_4P_4 連線。

$V_{P_4/C}$：大小不知，方向垂直 Cp_4 連線。

用(i)式以向量加法繪出圖 5-10(b)，得 V_{P_4}、$V_{P_4/C}$

因為 P_2、P_4 點為連桿 2、4 的瞬心

所以　　$V_{P_2} = V_{P_4}$

$$\overset{\times\checkmark}{V_B} = \overset{\checkmark\checkmark}{V_{P_2}} + \overset{\times\checkmark}{V_{B/P_2}} \tag{ii}$$

V_{P_2}：大小、方向已知。

V_B：大小不知，方向垂直 BO_2 連線。

V_{B/P_2}：大小不知，方向垂直 BP_2 連線。

利用(ii)式以向量加法繪出圖 5-10(c)，得 V_B。

📖 例題 5-10

圖 5-11(a)，接觸點 P_2、P_4 不在連心線上，所以連桿 2、4 在此瞬間作滑動接觸。已知 V_B，求點 C 的速度。

解

$$\overset{\times\checkmark}{V_{P_2}} = \overset{\checkmark\checkmark}{V_B} + \overset{\times\checkmark}{V_{P_2/B}} \tag{i}$$

利用(i)式以向量加法，繪出圖 5-11(b)，得 $V_{P_2}(= qP_2')$ 及 $V_{P_2/B}(= B'P_2')$

求接觸點的速度

$$\overset{\times\checkmark}{V_{P_4}} = \overset{\checkmark\checkmark}{V_{P_2}} + \overset{\times\checkmark}{V_{P_4/P_2}} \tag{ii}$$

V_{P_2}：大小及方向皆知。（圖 5-11(b)所示）

V_{P_4}：大小未知，方向垂直 O_4P_4 連線。

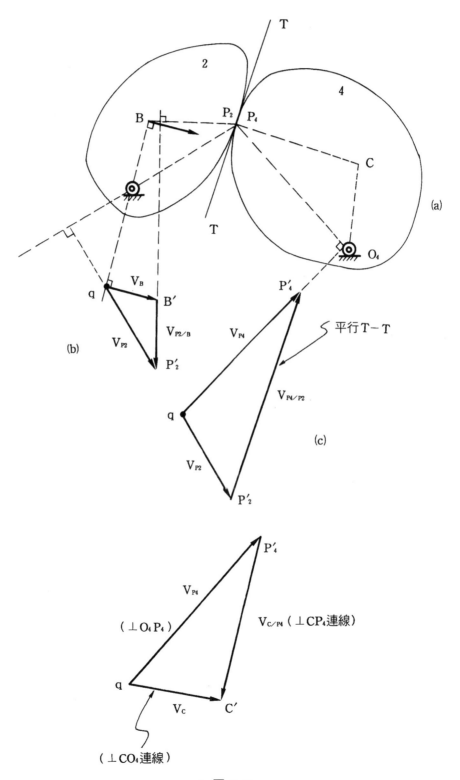

▶ 圖 5-11

V_{P_4/P_2}：大小未知，方向平行公切線 $T-T$。

利用(ii)式以向量加法繪出圖 5-11(c)，得 $V_{P_4}(=qP_4')$ 及 $V_{P_4/P_2}(=P_2'P_4')$

求 V_C：所以

$$\overset{\times\checkmark}{V_C} = \overset{\checkmark\checkmark}{V_{P_4}} + \overset{\times\checkmark}{V_{C/P_4}} \tag{iii}$$

V_{P_4}：大小方向已知，圖 5-11(c)所示。

V_{C/P_4}：大小未知，方向垂直 CP_4 連線。

V_C：大小未知，方向垂直 CO_4 連線。

以式(iii)，用向量加法繪出圖 5-11(d)，可求得 $V_C=qC'$。

📖 例題 5-11

圖 5-12(a)為一搖擺式蒸汽機，連桿 2 的角速度，已知為 ω_2，連桿 4 作搖擺運動，求 V_C？

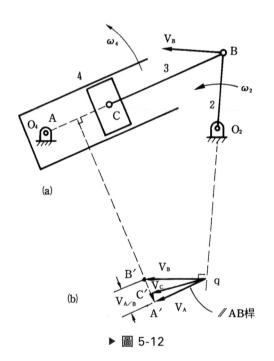

▶ 圖 5-12

解

$$\overset{\times\times}{V_C} = \overset{\checkmark\checkmark}{V_B} + \overset{\times\checkmark}{V_{C/B}} \tag{i}$$

V_C：大小未知，且方向未知，因為 C 點既往復直線運動，且又繞 O_4 搖擺。

V_B：$V_B = (O_2B)\,\omega_2$，且方向垂直 O_2B，故大小及方向皆知。

$V_{C/B}$：大小不知，方向垂直 BC 連線。

利用(i)式有三個未知數，故無法解出。

將連桿 3 延伸到點 A，且 A 與 O_4 重合。連桿 3 上任意點（點 A 除外）的運動皆是既沿連桿 3 直線運動，且又繞 O_4 旋轉。而點 A 與 O_4 重合，所以點 A 沒有旋轉運動，因此點 A 只有沿連桿 3 作直線運動。

$$\overset{\times\checkmark}{V_A} = \overset{\checkmark\checkmark}{V_B} + \overset{\times\checkmark}{V_{A/B}}，可求得 V_A \tag{ii}$$

V_B：大小、方向已知。

V_A：大小未知，方向只沿 AB 桿，作往復直線運動。

$V_{A/B}$：大小未知，方向垂直 AB 連線。

利用(ii)式繪出圖 5-12(b)，得 $V_A(=qA')$，利用前述速度影像法求 V_C。

$$\frac{B'C'}{B'A'} = \frac{BC}{BA}$$

$$\therefore\ B'C' = (B'A')\frac{BC}{BA}$$

$B'A' = V_{A/B}$（由圖 5-12(b)量得），(BC)、(BA) 為已知桿長（由圖 5-12(a)量得），連接圖 5-12(b)中的 qC'，即為 V_C。

5-4 複連桿機構

機構中任一連桿若無固定旋轉中心，則此連桿稱為浮桿，如圖 5-2，BC 桿及圖 5-5 的桿 3。若機構中有兩根或兩根以上的浮桿，則稱此機構為**複連桿機構** (Complex mechanism)，如圖 5-13(a)的桿 3 及桿 5。因未知數太多，所以須以試誤法來求解。

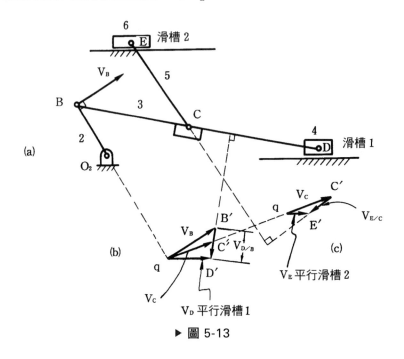

■ 例題 5-12

　圖 5-13(a)為複連桿組，含有兩浮桿，連桿 3 及連桿 5，圖 5-13(a)中，已知 V_B，各桿長度及各桿相對位置皆知，求 V_E？

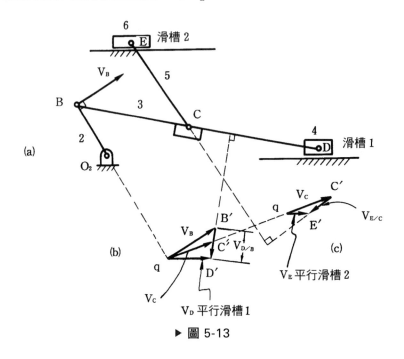

▶ 圖 5-13

🚀 解

$$\overset{\times\times}{V_C} = \overset{\checkmark\checkmark}{V_B} + \overset{\times\checkmark}{V_{C/B}} \tag{i}$$

V_C：大小，方向皆未知（ C 點的方向，除非找出連桿 3 的瞬心，否則不知 C 點速度的方向）。

V_B：大小、方向皆知。

$V_{C/B}$：大小未知，方向垂直 C、B 連線。

方程式(i)，有 3 個未知，故無法求解。

$$\overset{\times\checkmark}{V_D} = \overset{\checkmark\checkmark}{V_B} + \overset{\times\checkmark}{V_{D/B}} \tag{ii}$$

V_D：大小未知，方向沿滑槽 1，水平方向運動。

$V_{D/B}$：大小未知，方向垂直 D、B 連線。

利用(ii)式，繪出圖 5-13(b)，得 $V_D = qD'$ 及 $V_{D/B} = B'D'$

再利用前述速度影像法，求 V_C。

即　$\dfrac{B'C'}{BC} = \dfrac{B'D'}{BD}$　$\therefore B'C' = (BC)\dfrac{(B'D')}{(BD)}$

$B'D'$ 在圖 5-13(b)量得，(BC)、(BD) 在圖 5-13(a)量得

由 $B'C' = BC\dfrac{(B'D')}{BD}$，得圖 5-13(b)中的 C' 點。

連接 qC'，即得 V_C。

$$\overset{\times\checkmark}{V_E} = \overset{\checkmark\checkmark}{V_C} + \overset{\times\checkmark}{V_{E/C}} \tag{iii}$$

V_C：大小、方向皆知，（圖 5-13(b)所示 $V_C = qC'$）。

V_E：大小未知，方向已知（平行滑槽 2）。

$V_{E/C}$：大小未知，方向垂直 C、E 連線。

利用(iii)式以向量加法繪得圖 5-13(c)，得 qE' 即為 V_E。

📑 例題 5-13

圖 5-14(a)，已知各桿長度，相對位置及 V_E，求 V_B、V_C（本題須用試誤法）。

🚀 解

$$\overset{\times\times}{V_C} = \overset{\checkmark\checkmark}{V_E} + \overset{\times\checkmark}{V_{C/B}} \tag{i}$$

V_C：大小及方向皆未知（∵桿 3 為浮桿，除非找出桿 3 的瞬心，故不知桿 3 的速度方向）。

V_E：大小及方向皆知（題目給定）。

$V_{C/E}$：大小未知，方向垂直 C、E 連線。

利用(i)式，繪出圖 5-14(b)，因 V_C 不知大小及方向，且 $V_{C/E}$ 不知大小，所以無法繪出封閉三角形。

$$\overset{\times\checkmark}{V_B} = \overset{\checkmark\checkmark}{V_C} + \overset{\times\checkmark}{V_{B/C}} \tag{ii}$$

V_B：大小未知，方向垂直 O_2B。

V_C：大小、方向皆未知。

$V_{B/C}$：大小未知，方向垂直 B、C 連線。

式(ii)有 4 個未知數，故無法利用。

$$\overset{\times\checkmark}{V_B} = \overset{\times\checkmark}{V_D} + \overset{\times\checkmark}{V_{B/D}} \tag{iii}$$

V_D：大小未知，方向沿滑槽 D。

利用(iii)式，繪得圖 5-14(c)，因 V_D 只知方向，不知大小，所以假設 V_D 的大小為 $q\underline{D'}$ 或 $q\underline{D''}$ 或 $q\underline{D'''}$ 或⋯，且 $V_D + V_{B/D}$（垂直 B、D 連線）等於 V_B，所以得 V_B 為圖 5-14(c)中的 $q\underline{B'}$ 或 $q\underline{B''}$ 或 $q\underline{B'''}$ 或⋯

利用速度影像法找出 $\underline{C'}$、$\underline{C''}$ 或 $\underline{C'''}$。

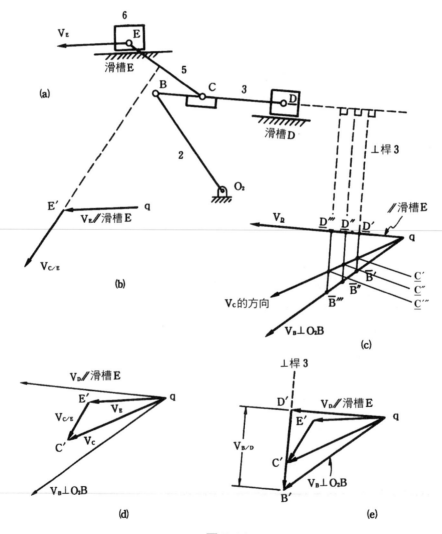

▶ 圖 5-14

即　　$\dfrac{D'\,C'}{DC}=\dfrac{B'\,D'}{BD}$

$\therefore$　　$\underline{D'\,C'}=(DC)\dfrac{(D'\,B')}{(DB)}$

（桿 DC、DB 可由圖 5-14(a)中量得，$\underline{D'\,B'}$ 在圖 5-14(c)中可量得）

同理

$\underline{D''\,C''}=(DC)\dfrac{(D''\,B'')}{(DB)}$　　（**註：**可以不必求）

$\underline{D'''\,C'''}=(DC)\dfrac{(D'''\,B''')}{(DB)}$　　（**註：**可以不必求）

連接 q、$\underline{C'}$、$\underline{C''}$、$\underline{C'''}$，即得 V_C 的正確方向，如圖 5-14(c)。組合圖 5-14(b)(c) 兩圖，得圖 5-14(d)所示，可求得 $V_C=qC'$ 及 $V_{C/E}=E'C'$。

利用式(iii)，於圖 5-14(d)，繪通過 C' 點，且垂直桿 3 的 $V_{B/D}$ 線，交 D' 及 B' 兩點，可繪得圖 5-14(e)，可求得 $V_B=qB'$ 及 $V_D=qD'$。

習題五

1. 圖 E-1 已知，$O_2B = 40\,\text{mm}$ ， $BC = 80\,\text{mm}$ ， $\omega_2 = 3\,\text{rad/s}$ 順時針，求 $V_D = ?$

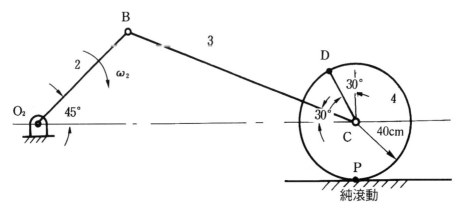

▶ 圖 E-1

2. 圖 E-2，已知 $V_A = 10\,\text{m/s}$（垂直向上），$AB = 70\,\text{mm}$ ， $BO_2 = 60\,\text{mm}$（水平），求 ω_{AB} 及 ωBO_2 。

3. 圖 E-3 ，已知 $\omega_2 = 3\,\text{rad/s}$ （順時針），$O_2B = 46\,\text{mm}$ ， $BC = 30\,\text{mm}$ ， $O_4C = 60\,\text{mm}$ ， $O_2O_4 = 80\,\text{mm}$ ， $BD = 20\,\text{mm}$ ， $DC = 50\,\text{mm}$ ，求 V_D ？

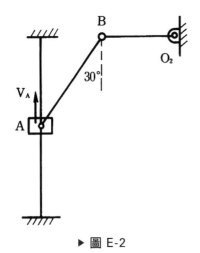

▶ 圖 E-2

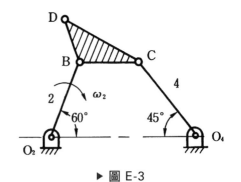

▶ 圖 E-3

4. 圖 E-4，已知圓半徑為 0.2 m，O_2A的角速度為 10 rad/s（逆時針），$\theta = 30°$，滑塊在 *BC* 桿內滑動，求 *BC* 桿的角速度。

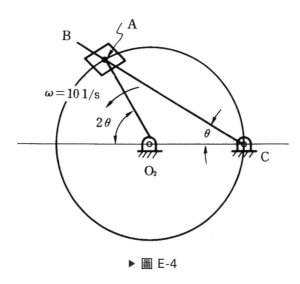

▶ 圖 E-4

5. 圖 E-5，已知V_A水平向左，大小 10 m/s，不考慮摩擦，求$V_B = ?$

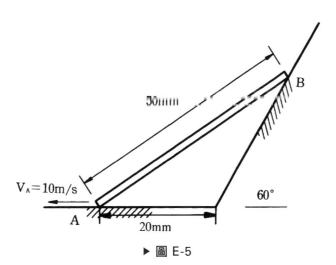

▶ 圖 E-5

6. 圖 E-6，$\omega_2 = 2\,(1/s)$ （或 2 rad/s，順時針），$O_2B = 32\,mm$，$BC = 25\,mm$，$O_4C = 32\,mm$，$O_2O_4 = 60\,mm$，$O_4D = 51\,mm$，求 D 點的速度。

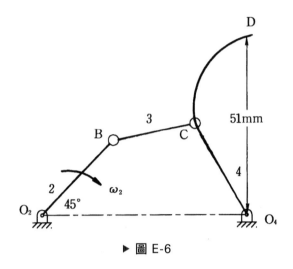

▶ 圖 E-6

7. 圖 E-7，滑塊 C 在 AE 桿上運動，求此時 AE 桿的角速度。

8. 圖 E-8，偏心凸輪 O 點為圓心，半徑 $R = 20\,cm$，O' 為轉動中心，其偏心量 $e = 10\,cm$，偏心凸輪以 10 rad/sec 順時針轉動，從動件的滾輪半徑為 10 cm，求當偏心輪的位置 $\theta = 30°$ 時，從動件的瞬時速度為何？

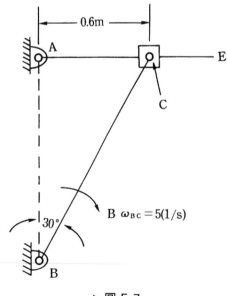

▶ 圖 E-7

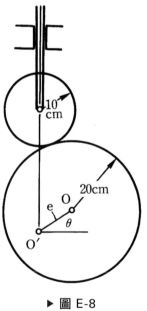

▶ 圖 E-8

9. 圖 E-9，已知物體上點 A 的速度，$V_A = 10$ m/s 水平向右，且物體是以 3 rad/sec 的角速度繞著其旋轉中心順時針旋轉（註：O 不是旋轉中心），求 O 點及 B 點的速度為何？

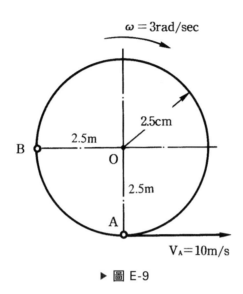

▶ 圖 E-9

MEMO

CHAPTER 06

加速度分析

本章綱要

6-1　簡　介

　　機器在高速運轉時，因每一機件均有質量(m)，由於加速度運動，所以產生很大的慣性力$(F = ma)$。該慣性力對機器各部的應力、負荷、振動、磨耗、噪音等，都有極大的影響。因此對一機構作動力分析時，須先分析其加速度，以為機械設計的參考。

　　本章求解加速度的作圖法，乃以相對加速的觀念來進行，此法很類似於相對速度法。

　　求解加速度(A)，可利用第二章所導出的公式：當運動的速度方向改變時，即產生**法線加速度**，其大小 $A^n = R\omega^2 = V\omega = \dfrac{V^2}{R}$，其方向永遠指向曲率中心。若切線速度的大小也有改變（角加速度 $\alpha \neq 0$ ），即產生切線加速度，其大小 $A^t = R\alpha$ 與 α 同方向，且與 A^n 垂直（或垂直 R ）。

$$A = A^n + A^t = R\omega^2 + R\alpha \tag{6-1}$$

⚠️| 注意：利用向量的加法。

6-2　相對加速度法

6-2-1　繞固定點旋轉之加速度分析

　　圖 6-1 中，桿 2、桿 4 分別繞固定點 O_2、O_4 旋轉。求 B 點的加速度 A_B：因 B 點繞 O_2 點旋轉，所以，可說為人在 O_2 點看 B 點的加速度（亦可說成 B 點對 O_2 點的相對加速度）：

$$A_{B/O_2} = A_B - A_{O_2}$$

$\because O_2$固定不動　$\therefore A_{O_2} = 0$（看圖 6-1）

▶ 圖 6-1

$$\therefore A_{B/O_2} = A_B \tag{6-2}$$

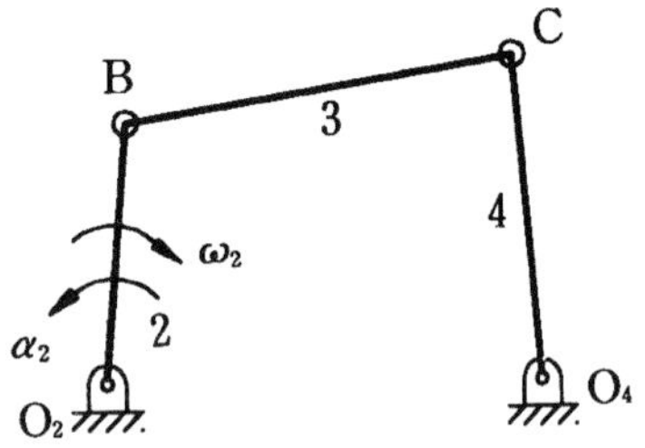

　　$\therefore B$ 點的絕對加速度 A_B，其實是人在"固定點" O_2 看 B 點運動的結果。

由(6-1)式得

$$A_B = A_B^n + A_B^t$$

（加速度包括：法線加速度及切線加速度，且兩者相垂直）

$$A_B^n = \frac{V_B^2}{R_{B/O_2}} = (R_{B/O_2})\omega_2^2$$

方向沿桿 O_2B，且向著圓心（向著看的人的方向 O_2）。

$A_B^t = (R_{B/O_2})\alpha_2$，方向垂直 A_B^n（或 ⊥ 桿 O_2B），且與 α_2 同向。

註： 若運動速度的方向不變，則 $A^n = 0$。因為圖 6-1，B 點速度的方向時時改變。

$$\therefore A_B^n \neq 0$$

6-2-2　不是繞固定點旋轉之加速度分析

圖 6-1 中，若人站在 B 點看 C 點運動（亦可說成 C 點對 B 點的相對運動）：

$$A_{C/B} = A_C - A_B \quad \because 點 B 不是固定$$

$$\therefore A_B \neq 0$$

$$\therefore A_C - A_B + A_{C/B} \tag{6-3}$$

$\therefore C$ 點的絕對加速度：B 點的絕對加速度，" + " C 點對 B 點的相對加速度。

註： (6-2)與(6-3)式不同處，在於(6-2)式係繞固定點(O_2)旋轉，(6-3)式係繞運動點(B)旋轉。

(6-3)式可寫成

$$A_C^n + A_C^t = A_B^n + A_B^t + A_{C/B}^n + A_{C/B}^t$$

（利用向量加法）

A_B^n、A_B^t 與(6-1)式相同，$A_B^n = R\omega^2$，$A_B^t = R\alpha$

$$A_C^n = \frac{V_{C/O_4}^2}{R_{C/O_4}} = \frac{V_C^2}{R_{C/O_4}} = (R_{C/O_4})\omega_4^2 \text{，方向沿桿 } O_4C \text{，向著圓心 } O_4 \text{。}$$

$$(V_{C/O_4} = V_C - V_{O_4} \quad \because V_{O_4} = 0 \quad \therefore V_{C/O_4} = V_C)$$

$A_C^t = (R_{C/O_4})\alpha_4$，方向垂直 A_C^n（或 $\perp$ 桿 O_4C），且與 α_4 同向。

$$A_{C/B}^n = \frac{V_{C/B}^2}{R_{C/B}} = (R_{C/B})\omega_3^2 \text{，}$$

方向沿桿 BC，且向著圓心 B（向著看的人的方向 B）

$A_{C/B}^t = (R_{C/B})\alpha_{C/B} = (R_{C/B})\alpha_3$，方向垂直 $A_{C/B}^n$（或 $\perp$ 桿 BC）

📖 **例題 6-1**

圖 6-2(a) 中，圓 2 繞固定點 P 旋轉，圓半徑 $R = 0.75\,\text{m}$，$v_o = 1.5\,\text{m/s}$，$A_o = 4\,\text{m/s}^2$，v_o 與 A_o 皆水平向右，求固定點 P 的加速度。

🚀 **解**

$\because v_o = R\omega \quad \therefore 1.5 = 0.75\,\omega_2$

$\therefore \omega_2 = 2\,\text{rad/s}\ (\curvearrowleft)$

$\because A_o^t = R\alpha_2 \quad 4 = 0.75\,\alpha_2$

$\therefore \alpha_2 = 5.333\,\text{rad/s}^2\,(\curvearrowleft)$

利用(6-3)式

$$A_P = A_o + A_{P/O}$$

$$= \overset{\checkmark\checkmark}{A_O^n} + \overset{\checkmark\checkmark}{A_O^t} + \overset{\checkmark\checkmark}{A_{P/O}^n} + \overset{\checkmark\checkmark}{A_{P/O}^t} \quad \text{..} \text{(i)}$$

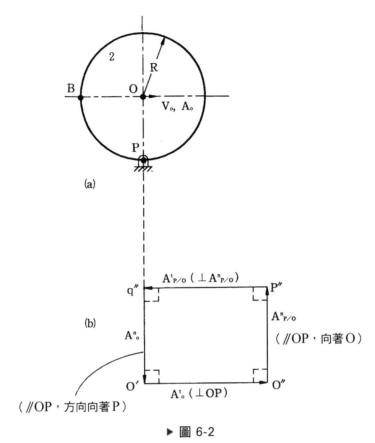

▶ 圖 6-2

式中

$$A_O^n = \frac{V_O^2}{R} = \frac{1.5^2}{0.75} = 3 \text{ m/s}^2$$

〔V_o 的方向會改變，$\therefore$ $A_O^n \neq 0$〕

方向沿著 OP，且向著 $P(\downarrow)$

A_O^t 已知為 4 m/s^2，且方向水平向右 $(\rightarrow)$

$$A_{P/O}^n = \frac{V_{P/O}^2}{R_{P/O}} = \frac{(-V_o)^2}{R_{P/O}} = \frac{(-1.5)^2}{0.75} = 3 \text{ m/s}^2$$

方向沿著 OP，方向向著 $O(\uparrow)$

〔$V_{P/O} = V_P - V_O$ $\because V_P = 0$ $\therefore V_{P/O} = -V_O$〕

$$A_{P/O}^t = R_{P/O}\alpha_{P/O} = 0.75 \times 5.333 = 4 \text{ m/s}^2$$

方向 $\perp R_{P/O}$（或 $\perp A_{P/O}^n$），且與 $\alpha_{P/O}$ 同向（←）

將式(i)，以向量加法繪得圖 6-2(b)，得 $A_P = 0$

作圖步驟：

取 1 cm 長 $= 1\,\mathrm{m/s^2}$

$A_O^n = 3\,\mathrm{m/s^2}$，在適當位置 q''，劃平行於 OP，向著 $P(\downarrow)$，得 $q''O' = 3\,\mathrm{cm}$。

$A_O^t = 4\,\mathrm{m/s^2}$，劃垂直於 $A_O^n(\rightarrow)$，得 $O'O'' = 4\,\mathrm{cm}$。

$A_{P/O}^n = 3\,\mathrm{m/s^2}$，劃平行於 OP，向著 $O(\uparrow)$，得 $O''P'' = 3\,\mathrm{cm}$。

$A_{P/O}^t = 4\,\mathrm{m/s^2}$，劃垂直於 $A_{P/O}^n(\leftarrow)$，得 $P''q'' = 4\,\mathrm{cm}$

得圖 6-2(b)，得 $A_P = 0$

結論：圖 6-2(a)中，P 點為固定點，所以 $V_P = 0$，$A_P = 0$

例題 6-2

同例 6-1，求圖 6-3(a)中，點 B 的加速度。

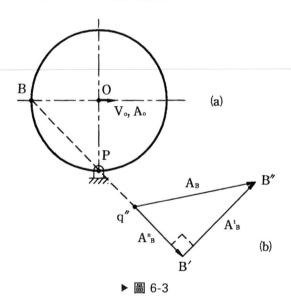

▶ 圖 6-3

🚀 解

$$A_B = A_P + A_{B/P} = A_{B/P} \quad (\because \text{由例 6-1 得知，} A_P = 0)$$

$$\therefore A_{B/P} = A_B = A_B^n + A_B^t$$

$$A_B^n = (R_{B/P})\omega_2^2 = (0.75\sqrt{2}) \times 2^2 = 4.242 \ \text{m/s}^2$$

方向沿著 BP 連線，向著 P

$$A_B^t = (R_{B/P})\alpha_2 = (0.75\sqrt{2}) \times 5.333 = 5.656 \ \text{m/s}^2$$

方向垂直 A_B^n，與 α_2 同向。

利用向量加法，得圖 6-3(b)，得 $A_B = q''B''$

$$\text{或} \quad A_B = \sqrt{(A_B^n)^2 + (A_B^t)^2} = \sqrt{(q''B')^2 + (B'B'')^2}$$

$$= \sqrt{(4.242)^2 + (5.656)^2} = 7.07 \ \text{m/s}^2$$

📖 例題 6-3

圖 6-4(a)中，圓 2 作純滾動，$R = 0.75 \ \text{m}$，$v_o = 1.5 \ \text{m/s}$，$A_o = 4 \ \text{m/s}^2$，v_o 與 A_o 皆水平向右，求圓上 P 點的加速度（P 點與地面接觸）。

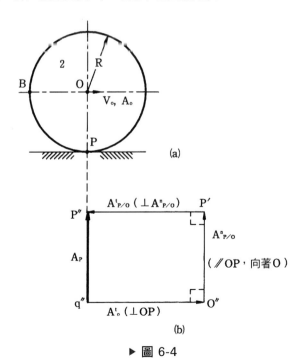

▶ 圖 6-4

📝 **解**

$$\because v_o = R\omega_2 \quad \therefore 1.5 = 0.75\omega_2$$

$$\therefore \omega_2 = 2 \,(\text{rad/s})\,(\circlearrowright)$$

$$\because A_O^t = R\alpha_2 \quad \therefore 4 = 0.75\,\alpha_2$$

$$\therefore \alpha_2 = 5.333 \,(\text{rad/s}^2)\,(\circlearrowright)$$

利用(6-3)式

$$A_P = A_o + A_{P/O}$$
$$\qquad\; \checkmark\checkmark \quad \checkmark\checkmark \quad\; \checkmark\checkmark \quad\; \checkmark\checkmark$$
$$= A_O^n + A_O^t + A_{P/O}^n + A_{P/O}^t \dots\dots\dots\dots\dots\dots\dots\dots\dots\dots \text{(i)}$$

式中，

$$A_O^n = \frac{V_O^2}{R} = \frac{V_O^2}{\infty} = 0 \;(\because V_O \text{方向水平向右，即} V_O \text{方向不變，} \therefore R = \infty)$$

A_O^t 已知為 $4\,\text{m/s}^2$，且 $(\rightarrow)$

$$A_{P/O}^n = \frac{V_{P/O}^2}{R_{P/O}} = \frac{(-V_O)^2}{R_{P/O}} = \frac{(-1.5)^2}{0.75} = 3\,\text{m/s}^2 \text{，方向沿 } OP \text{，向著 } O\,(\uparrow)$$

$$A_{P/O}^t = (R_{P/O})\alpha_{P/O} = 0.75 \times 5.333 = 4\,\text{m/s}^2\text{，}$$

方向 $\perp R_{P/O}$（或 $\perp A_{P/O}^n$），且與 $\alpha_{P/O}$ 同向 $(\leftarrow)$

(i)式 $A_{P/O}^t$，利用向量加法，得圖 6-4(b)，其中 $A_P = q''P'' = 3\,\text{m/s}^2$

註： 圖 6-4(a)中，雖 $V_P = 0$，但 $A_P \neq 0$，比較圖 6-2(a)與圖 6-4(a)

　　$\because$ 圖 6-4(a)，P 點不是固定點，$\therefore A_P \neq 0$，

　　但圖 6-2(a)，P 點是固定點，$\therefore A_P = 0$。

💾 **例題 6-4**

同例 6-3，求圖 6-5(a)中，點 B 的加速度。

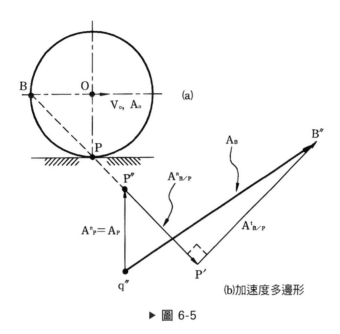

(a)

(b)加速度多邊形

▶ 圖 6-5

解

若像例 6-2，直接利用(6-1)式，得

$$A_B = A_B^n + A_B^t \text{，是錯誤的} \quad \because A_P \neq 0$$

須用(6-3)式，得

$$A_B = A_P + A_{B/P}$$
$$= A_P^n + A_P^t + A_{B/P}^n + A_{B/P}^t$$

式中

$A_P^n = A_P = 3 \, \text{m/s}^2$，方向沿著 PO，向著 $O(\uparrow)$（例 6-3 中所求得）

$A_P^t = 0$

$A_{B/P}^n = (R_{P/O})\omega_{B/P}^2 = (0.75\sqrt{2}) \times 2^2 = 4.242 \, \text{m/s}^2$，方向沿 BP，向著 P。

$A_{B/P}^t = (R_{B/P})\alpha_{B/P} = (0.75\sqrt{2}) \times 5.333 = 5.656 \, \text{m/s}^2$，

方向 $\perp A_{B/P}^n$ 與 $\alpha_{B/P}$ 同向。

利用向量加法，得圖 6-5(b)，$A_B = q''B'' = 8.06 \, \text{m/s}^2$

另解：

$$A_B = A_O + A_{B/O}$$

$$= A_O^n + A_O^t + A_{B/O}^n + A_{B/O}^t$$

式中

$A_O^n = 0$ （∵ V_O 的方向不變）

A_O^t 已知 $4\,\text{m/s}^2\,(\rightarrow)$，圖 6-6(b)中的 $q''O''$。

$A_{B/O}^n = (R_{B/O})\omega_{B/O}^2 = 0.75 \times 2^2 = 3$，

方向沿 BO，向著 $O\,(\rightarrow)$，圖 6-6(b)中的 $O''B'$。

$A_{B/O}^t = (R_{B/O})\alpha_{B/O} = 0.75 \times 5.333 = 4$，

$A_{B/O}^t$ 方向 $\perp A_{B/O}^n$，與 $\alpha_{B/O}$ 同向 $(\uparrow)$，圖 6-6(b)中的 $B'B''$。

利用向量加法，得圖 6-6(b)，$A_B = q''B'' = 8.06\,\text{m/s}^2$

或 $A_B = \sqrt{(A_O^t + A_{B/O}^n)^2 + (A_{B/O}^t)^2}$

$$= \sqrt{(4+3)^2 + 4^2} = 8.06\,\text{m/s}^2$$

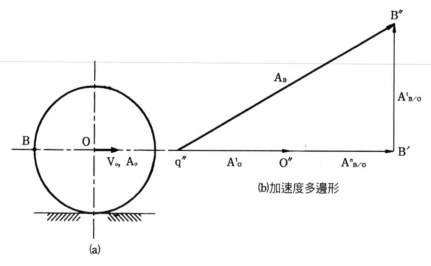

(b)加速度多邊形

(a)

▶ 圖 6-6

📖 例題 6-5

圖 6-7(a)，已知桿 2 繞點 A 旋轉，滑塊 C 的速度及加速度皆水平向右，大小分別為 15 m/s 及 20 m/s^2，求桿 2、3 的角加速度 α_2、α_3。

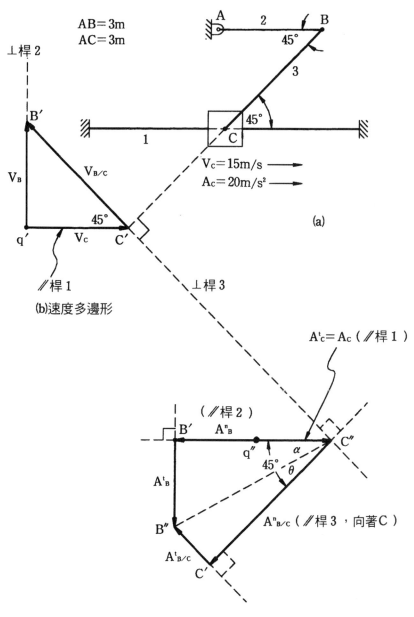

AB = 3m
AC = 3m

⊥桿 2

B′

V_B $V_{B/C}$

q′ V_C C′

45°

∥桿 1

(b)速度多邊形

A 2 B

45°

3

45°

1 C

V_C=15m/s →

A_C=20m/s² →

(a)

$A'_C = A_C$ (∥桿 1)

(∥桿 2)

B′ A''_B

q″ α

45° θ

A'_B

B″

$A''_{B/C}$ (∥桿 3，向著 C)

$A'_{B/C}$

C′

⊥桿 3

(c)加速度多邊形

▶ 圖 6-7

149

解

由於加速度，起因於速度有了變化（不管是速度大小的變化，或速度方向的變化）。

故須先求各相關點的速度。

先求 V_B 及 $V_{B/C}$

$$\overset{\times\checkmark}{V_B} = \overset{\checkmark\checkmark}{V_C} + \overset{\times\checkmark}{V_{B/C}} \tag{i}$$

(i)式中

V_B：大小不知，方向⊥桿 2

V_C：大小及方向皆已知（題目給予）

$V_{B/C}$：大小不知，方向⊥桿 3

(i)式利用向量加法得圖 6-7(b)

且 $\dfrac{\sin 90°}{V_{B/C}} = \dfrac{\sin 45°}{V_C}$

$\therefore V_{B/C} = \dfrac{15}{0.707} = 21.21 \text{ m/s}$

$\dfrac{\sin 45°}{V_B} = \dfrac{\sin 45°}{V_C}$

$\therefore V_B = V_C = 15 \text{ m/s}$

利用式(6-3)

$$A_B = A_C + A_{B/C}$$

$$\overset{\checkmark\checkmark}{A_B^n} + \overset{\times\checkmark}{A_B^t} = \overset{\bigcirc}{A_C^n} + \overset{\checkmark\checkmark}{A_C^t} + \overset{\checkmark\checkmark}{A_{B/C}^n} + \overset{\times\checkmark}{A_{B/C}^t} \tag{ii}$$

式中

$$A_B^n = \frac{V_B^2}{R_{B/A}} = \frac{15^2}{3} = 75 \text{ m/s}^2 \text{ ，}$$

方向沿 $R_{B/A}$ 指向 A，（圖 6-7(c)中的 $q''B'$）。

$$A_B^t = R_{B/A}\alpha_{B/A} = R_2\alpha_2$$

（α_2 不知，$\therefore$ A_B^t 大小不知），方向 $\perp A_B^n$。

$A_C^n = 0$（$\because V_C$ 方向不變）

A_C^t 已知，$20\,\mathrm{m/s^2}(\rightarrow)$，（圖 6-7(c)中的 $q''C''$）。

$$A_{B/C}^n = \frac{V_{B/C}^2}{R_{B/C}} = \frac{(21.21)^2}{(3\sqrt{2})} = 106\,\mathrm{m/s^2}\ ,$$

方向沿 $R_{B/C}$ 指向 C，（圖 6-7(c)中的 $c''C''$）（$V_{B/C}$ 大小，由圖 6-7(b)求得）。

$$A_{B/C}^t = R_{B/C}\alpha_{B/C} = R_3\alpha_3$$

（α_3 不知，$\therefore$ $A_{B/C}^t$ 大小不知），方向 $\perp A_{B/C}^n$。

(ii)式，利用向量加法，得圖 6-7(c)，量得 $A_B^t = B'B''$，$A_{B/C}^t = B''C'$ 欲得精確值，可由以下計算。

在圖 6-7(c)中，$\angle B'C''C' = 45°$，作輔助線 $B''C''$，

$$\cos\alpha = \frac{A_B^n + A_C^t}{B''C''} = \frac{75 + 20}{B''C''} \quad\cdots\cdots\cdots\cdots\cdots\cdots\cdots\cdots\text{①}$$

$$\cos\theta = \cos(45-\alpha) = \frac{A_{B/C}^n}{B''C''} = \frac{106}{B''C''} \quad\cdots\cdots\cdots\cdots\cdots\text{②}$$

由②得

$$\therefore \cos 45°\cos\alpha + \sin 45°\sin\alpha = \frac{106}{B''C''}$$

$$\therefore 0.707\frac{95}{B''C''} + 0.707\frac{\sqrt{(B''C'')^2 - 95^2}}{B''C''} = \frac{106}{B''C''}$$

$$\therefore B''C'' = 109.7$$

$$\therefore A_B^t = \sqrt{(B''C'')^2 - (A_B^n + A_C^t)^2} = \sqrt{109.7^2 - 95^2} = 54.84$$

$$\therefore A_B^t = R_2\alpha_2 \quad \therefore 54.84 = 3\times\alpha_2 \quad \therefore \alpha_2 = 18.28\,\mathrm{rad/s^2}$$

$$A_{B/C}^t = \sqrt{(B''C'')^2 - (A_{B/C}^n)^2} = \sqrt{109.7^2 - 106^2} = 27.86$$

$$\therefore A_{B/C}^t = R_2\alpha_3 \quad \therefore 27.86 = (3\sqrt{2})\alpha_3 \quad \therefore \alpha_3 = 6.57\,\mathrm{rad/s^2}$$

例題 6-6

圖 6-8(a)為滑塊曲柄機構，求滑塊 C 的加速度。

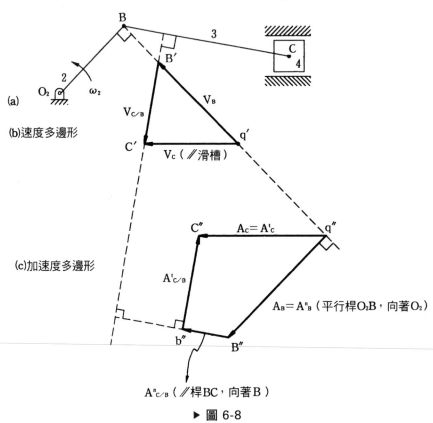

已知：$O_2B=6cm$
$BC=11cm$
$\omega_2=200rad/s$
$\alpha_2=0$

(a)

(b)速度多邊形

(c)加速度多邊形

▶ 圖 6-8

解

$V_B = (O_2B)\omega_2 = 6\,cm \times 200\,rad/s = 12\,m/s$

$\overset{\times\checkmark}{V_C} = \overset{\checkmark\checkmark}{V_B} + \overset{\times\checkmark}{V_{C/B}}$

V_B：大小，求得 $12\,m/s$、方向垂直 O_2B

$V_{C/B}$：大小不知，方向垂直於 CB 桿

V_C：大小不知，方向沿滑槽水平滑動

作圖令　$1\,cm = 3\,m/s$

利用向量加法，得圖 6-8(b)，量得

$$V_B = q'B' = 4 \text{ cm} = 12 \text{ m/s}$$

$$V_{C/B} = B'C' = 3 \text{ cm} = 9 \text{ m/s}$$

$$V_C = q'C' = 3.3 \text{ cm} = 9.9 \text{ m/s}$$

$$V_{C/B} = BC \times \omega_{C/B} \qquad \text{〔(5-4)式曾說明過〕}$$

$$\therefore \omega_{C/B} = \omega_3 = \frac{V_{C/B}}{BC} = \frac{9 \text{ m/s}}{0.11 \text{ m}} = 81.8 \text{ rad/sec} \,(\circlearrowleft)$$

利用式(6-3)

$$A_C = A_B + A_{C/B}$$

$$\overset{\times\checkmark}{A_C^t} + \overset{\bigcirc}{A_C^n} = \overset{\bigcirc}{A_B^t} + \overset{\checkmark\checkmark}{A_B^n} + \overset{\times\checkmark}{V_{C/B}^t} + \overset{\checkmark\checkmark}{V_{C/B}^n} \qquad\qquad (i)$$

(i)式中

C 點速度 (V_C) 方向不變，故 C 點向心加速度 $= 0$ ，即 $A_C^n = \dfrac{V_C^2}{\infty} = 0$

A_C^t：大小不知，方向沿水平滑槽

A_B^n：方向指向曲率中心 O_2，

大小 $= \dfrac{V_B^2}{O_2 B} = \dfrac{12^2}{6/100} = 2400 \text{ m/sec}^2$

$A_B^t = (O_2 B)\alpha_2 = (6/100) \times 0 = 0$

$A_{C/B}^n$：方向平行 CB 桿，指向 B，

大小 $= \dfrac{(V_{C/B})^2}{BC} = \dfrac{9^2}{11/100} = 736 \text{ m/sec}^2$

$A_{C/B}^t$：方向垂直 $A_{C/B}^n$，大小不知

式(i)只有兩個未知數，因此有解。

作圖法，如圖 6-8(c)所示取 1 cm 長 $= 480 \text{ m/s}^2$ $A_B^n = 2400 \text{ m/s}^2$，取長為 5 cm，在適當位置 q''，劃平行於曲柄 O_2B，向著 O_2 的方向得 $q''B''$。

$A_B^n = 736 \text{ m/s}$，取長為 1.53 cm，劃平行於連桿 BC，方向指向 B 點，劃接於 A_B^n 上，得 $B''b''$。

$A_{C/B}^t$ 大小不知，但方向垂直 $A_{C/B}^n$，因此將 $A_{C/B}^t$ 劃接於 $A_{C/B}^n$ 上。

A_C^t 大小不知，但方向沿水平方向，因此由 q'' 點作水平線與 $A_{C/B}^t$ 相交於點 C''。形成封閉的多邊形，即為所求。

量得　$b''C'' = 3.3 \text{ cm} = 3.3 \times 480 \text{ m/s}^2 = 1{,}584 \text{ m/s}^2 = A_{C/B}^t$

量得　$q''C'' = 4.6 \text{ cm} = 4.6 \times 480 \text{ m/s}^2 = 2{,}208 \text{ m/s}^2$

$$= A_C^t = A_C$$

📖 例題 6-7

圖 6-9(a)，已知 $V_B = 2.5 \text{ m/s}$（向右），$A_B = 150 \text{ m/s}$（向左），求 A_C。

🔩 解

$$\overset{\times\checkmark}{V_C} = \overset{\checkmark\checkmark}{V_B} + \overset{\times\checkmark}{A_{C/B}}$$

V_B：大小、方向皆知（題目給）

$V_{C/B}$：大小不知，方向垂直 BC 桿

V_C：大小不知，方向沿滑槽滑動（向上）

令　$1 \text{ cm} = 1 \text{ m/s}$

作圖 6-9(b)，量得

$$V_C = q'C' = 4.3 \text{ cm} = 4.3 \text{ m/s}$$

$$V_{C/B} = B'C' = 5 \text{ cm} = 5 \text{ m/s}$$

$\because V_{C/B} = BC \times \omega_{C/B}$

$\therefore \omega_{C/B} = \dfrac{V_{C/B}}{BC} = \dfrac{5 \text{ m/s}}{0.11} = 45.45 \text{ rad/sec}$ (↻)

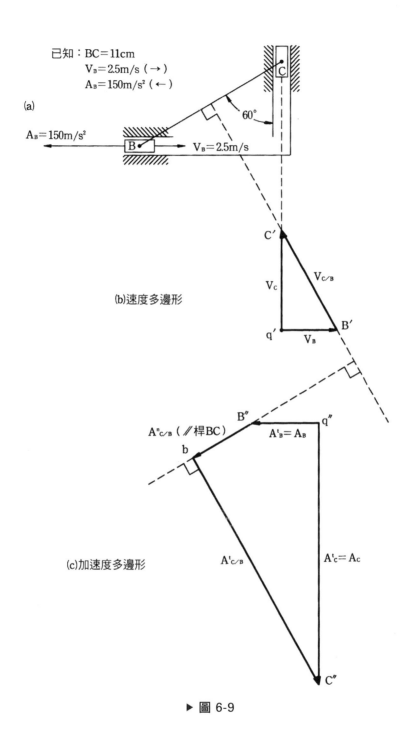

已知：$BC = 11cm$
$V_B = 2.5m/s$ (→)
$A_B = 150m/s^2$ (←)

(a)

$A_B = 150m/s^2$

$V_B = 2.5m/s$

60°

(b)速度多邊形

V_C

$V_{C/B}$

V_B

q′

C′

B′

$A^n_{C/B}$ (∥桿BC)

B″

$A^t_B = A_B$

q″

b

(c)加速度多邊形

$A^t_{C/B}$

$A^t_C = A_C$

C″

▶ 圖 6-9

利用式(6-3)

$$A_C = A_B + A_{C/B}$$

×✓　　○　　✓✓　　○　　×✓　　✓✓
$$A^t_C + A^n_C = A^t_B + A^n_B + A^t_{C/B} + A^n_{C/B}$$　　　　　　(i)

式(i)中，V_C 的方向不變，所以 $A_C^n = \dfrac{V_C^2}{\infty} = 0$

V_B 的方向不變，所以 $A_B^n = \dfrac{V_B^2}{\infty} = 0$

A_C^t 大小不知，方向沿滑槽 C

$A_B^t = A_B = 150 \text{ m/s}^2$　（此為已知條件）

$A_{C/B}^n$：方向平行 CB 桿，指向 B，

$A_{C/B}^n = \dfrac{V_{C/B}^2}{BC} = \dfrac{5^2}{0.11} = 227.2 \text{ m/s}^2$

$A_{C/B}^t$：方向垂直 $A_{C/B}^n$，大小不知

式(i)中，只有兩個未知數，因此有解，利用作圖法，如圖 6-9(c)加速度多邊形，

取 $1 \text{ cm} = 75 \text{ m/s}^2$

$A_B^t = A_B = 150 \text{ m/s}^2$，取長為 2 cm，在適當位置 q''，劃平行於滑槽的已知方向，得 $q''B''$。

$A_{C/B}^n = 227.2 \text{ m/s}^2$，取長為 3.03 cm，劃平行於連桿 BC，指向著 B，劃接於 A_B^t 上，得 $B''b$。

$A_{C/B}^t$ 大小不知，但方向垂直 $A_{C/B}^n$，因此將 $A_{C/B}^t$ 劃接於 $A_{C/B}^t$ 上。

A_C^t 大小不知，但方向沿滑槽方向，因此由 q'' 點作沿滑槽方向的線與 $A_{C/B}^t$ 相交於點 C''。形成封閉的多形，即為所求。

量得　$bC'' = 9.2 \text{ cm} = 9.2 \times 75 \text{ m/s}^2 = 690 \text{ m/s}^2 = A_{C/B}^t$

量得　$q''C'' = 9.4 \text{ cm} = 9.4 \times 75 \text{ m/s}^2 = 705 \text{ m/s}^2 = A_C^t = A_C$

桿 BC 的角加速度

$\alpha_{BC} = \dfrac{A_{C/B}^t}{BC} = \dfrac{690}{0.11} = 6272.7 \text{ m/s}^2$

$A_{C/B} = \sqrt{(A_{C/B}^n)^2 + (A_{C/B}^t)^2} = \sqrt{227.2^2 + 690^2} = 726.4 \text{ m/s}^2$

6-3 加速度像

機構中，某一連桿上的兩點 B 及 C，則 B 相對於 C 的加速度為

$$A_{B/C} = A_{B/C}^n + A_{B/C}^t$$

若僅考慮大小，則

$$A_{B/C} = \sqrt{(A_{B/C}^n)^2 + (A_{B/C}^t)^2}$$

$$A_{B/C}^n = (BC)\omega_{B/C}^2 \quad , \quad A_{B/C}^t = (BC)\alpha_{B/C}$$

$$\therefore A_{B/C} = BC\sqrt{(\omega_{B/C}^2)^2 + (\alpha_{B/C})^2} \tag{6-4}$$

由此可知加速度與兩點間的距離成正比，即兩點距離愈長，則兩點間的相對加速度愈大，反之則愈小。

📋 例題 6-8

圖 6-10(a)所示，已知 ω_2 及 α_2，且各桿長度及相對角度皆知，求 D 點的加速度。

🖋 解

欲求加速度，先解各相關點的速度

(1) $\overset{\times\times}{V_D} = \overset{\checkmark\checkmark}{V_B} + \overset{\times\checkmark}{V_{D/B}}$

　V_D：大小，方向皆未知

　V_B：大小，方向皆知

　$V_{D/B}$：大小不知，方向垂直 BD 桿

　該方程式有三個未知數，故無法求解

　再列出以下的方程式

　$\overset{\times\checkmark}{V_C} = \overset{\checkmark\checkmark}{V_B} + \overset{\times\checkmark}{V_{C/B}}$

　V_C：大小未知，方向垂直 O_4C

　V_B：大小為 $(O_2B \times \omega_2)$，方向垂直 O_2B

$V_{C/B}$：大小未知，方向垂直 CB 桿

該式只有二個未知數，故有解。

以向量的加法（箭頭加箭尾），可得圖 6-10(b)，得

$$V_C = q'C' \quad , \quad V_{C/B} = B'C'$$

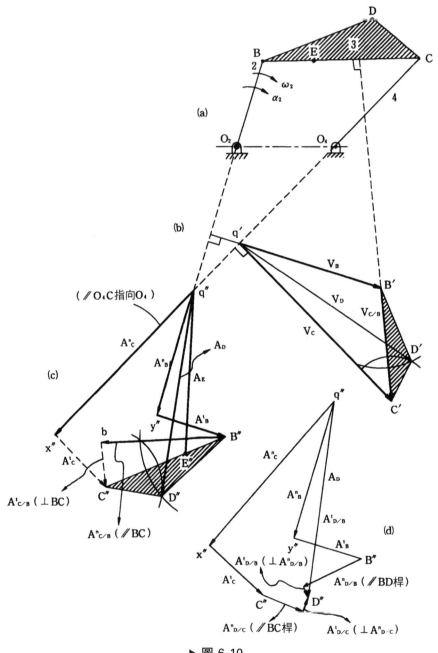

▶ 圖 6-10

(2)以第五章所介紹的速度影像法，求 V_D。依速度影像的比例關係求出：

$$\frac{B'D'}{BD} = \frac{B'C'}{BC} \quad \therefore B'D' = \frac{B'C'}{BC}BD$$

$$\frac{C'D'}{CD} = \frac{B'C'}{BC} \quad \therefore C'D' = \frac{B'C'}{BC}CD$$

BC、CD、BD 在圖 6-10(a)中，題目已知。$B'C' = V_{C/E}$ 在圖 6-10(b)中可量得。

$\therefore B'D'$ 及 $C'D'$ 皆可求得。

所以在圖 6-10(b)中，以 B' 為圓心，$B'D'$ 為半徑

以 C' 為圓心，$C'D'$ 為半徑

得到二個交點，取其中之一點為 D'，按照圖 6-10(a)中，BCD 為逆時針的順序，所以圖 6-10(b)中的 $B'C'D'$，亦以逆時針來決定點 D' 的位置。

連接 $q'D'$ 得 $V_D = q'D'$，且 $V_{D/B} = B'D'$，$V_{D/C} = C'D'$

(3)求加速度

$$A_C = A_B + A_{C/B}$$

$$\overset{\times\checkmark}{A_C^t} + \overset{\checkmark\checkmark}{A_C^n} = \overset{\checkmark\checkmark}{A_B^t} + \overset{\checkmark\checkmark}{A_B^n} + \overset{\times\checkmark}{A_{C/B}^t} + \overset{\checkmark\checkmark}{A_{C/B}^n} \tag{i}$$

式(i)中

A_C^n：大小為 $\dfrac{V_C^2}{O_1C} = \dfrac{(q'C')}{O_4C}$，方向沿桿 O_4C 且指向著 O_4。

A_C^t：大小不知（$A_C^t = O_4C \times \alpha_4$，$\because \alpha_4$ 不知），方向垂直 A_C^n（或 $\perp O_4C$）。

A_B^n：大小為 $O_2B \times \omega_2^2$（或 V_B^2/O_2B），方向沿 O_2B 桿，且指向著 O_2。

A_B^t：大小為 $O_2B \times \alpha_2$，方向垂直 A_B^n（或 $\perp O_2B$）且與 α_2 同向。

$A_{C/B}^n$：大小為 $\dfrac{V_{C/B}^2}{BC} = \dfrac{(B'C')^2}{BC}$，方向沿 BC 桿且指向著 B。

$A_{C/B}^t$：大小不知（$A_{C/B}^t = BC \times \alpha_{C/B}$，$\because \alpha_{C/B}$ 不知），方向垂直 $A_{C/B}^n$（或 $\perp BC$ 桿）。

註：O_2B、BC、O_4C 可由圖 6-10(a)中得到

$q'C'$、$B'C'$ 可由圖 6-10(b)得到

(i)式中，依向量的加法取適當比例，可得圖 6-10(c)的加速度多邊形（圖 6-10(c)中，q'' 為起點，C'' 為終點），得

$$A_C = A_C^t + A_C^n = q''C''$$

$$A_B = A_B^t + A_B^n = q''B''$$

若欲求圖 6-10(a)桿 4 的角加速度，可由

$$\alpha_4 = \frac{A_C^t}{O_4 C} = \frac{X''C''}{O_4 C}$$

（ $A_C^t = X''C''$，在圖 6-10(c)中 ）

桿 3 的角加速度

$$\alpha_3 = \frac{A_{C/B}^t}{BC} = \frac{A_{D/B}^t}{BD} = \frac{A_{D/C}^t}{DC}$$

（ $A_{C/B}^t = bC''$，在圖 6-10(c)可量得 ）

$$\alpha_3 = \alpha_{C/B} = \alpha_{D/B} = \alpha_{D/C}$$

（ $\because B$ 、 C 、 D 為同一桿件 ）

(4)以加速度影像法來求 A_D ，（與速度影像相同的方法）。

$$\frac{B''D''}{BD} = \frac{B''C''}{BC} \quad \therefore B''D'' = \frac{B''C''}{BC} BD$$

$$\frac{C''D''}{CD} = \frac{B''C''}{BC} \quad \therefore C''D'' = \frac{B''C''}{BC} CD$$

於圖 6-10(c)中，以 B'' 為圓心，以 $B''D''$ 為半徑

以 C'' 為圓心， $C''D''$ 為半徑

得到兩個交點，取其中之一點為 D''，按照圖 6-10(a)中， BCD 為逆時針的順序，所以圖 6-10(c)中的 $B''C''D''$ 亦為逆時針順序，來決定 D'' 的位置。

連接 $q''D''$，得 $A_D = q''D''$

若欲求圖 6-10(a)中 E 點的加速度，亦可用加速度影像法

即 $\quad \dfrac{B''E''}{BE} = \dfrac{B''C''}{BC} \quad \therefore B''E'' = \dfrac{B''C''}{BC} BE$

求得 6-10(c)中的 $B''E''$，連接 $q''E''$ 得

E 點的加速度， $A_E = q''E''$

(5)此外，若 A_D 不以加速度影像的方法來求，亦可用以下的程序求之：

首先還是必須求得 C 點的加速度，再利用下式：

$$\because A_D = A_B + A_{D/B}$$

$$= A_B^t + A_B^n + A_{D/B}^t + A_{D/B}^n \tag{ii}$$

$$A_D = A_C + A_{D/C}$$

$$= A_C^t + A_C^n + A_{D/C}^t + A_{D/C}^n \tag{iii}$$

(ii)=(iii)　所以

$$A_B^t + A_B^n + A_{D/B}^t + A_{D/B}^n = A_C^t + A_C^n + A_{D/C}^t + A_{D/C}^n \tag{iv}$$

上式只有二個未知數

其中

$A_{D/B}^n$：大小為 $\dfrac{V_{D/B}^2}{BD} = \dfrac{(B'D')^2}{BD}$ ，方向沿著 BD 桿，且指向 B。

$A_{D/B}^t$：大小不知（$\because \alpha_{D/B}$ 不知），方向與 $A_{D/B}^n$ 垂直（或 $\perp DB$ 桿）。

$A_{D/C}^n$：大小為 $\dfrac{V_{D/C}^2}{DC} = \dfrac{(D'C')^2}{DC}$ ，方向沿 CD 桿，指向 C。

$A_{D/C}^t$：大小不知（$\because \alpha_{D/C}$ 不知），方向 $A_{D/C}^n$ 垂直（或 $\perp CD$ 桿亦可）。

A_B^t 及 A_B^n 已知，A_C^t 及 A_C^n 在前面第(3)步驟中已求出（參考圖 6-10(c)）。

(iv)式用向量的加法（即箭頭加箭尾），可求得圖 6-10(d)所示的加速度多邊形。
（圖 6-10(d)中，起點為 q''，終點為 D''）。

連接 $q''D''$，即得 $A_D = q''D''$

6-4　複式浮動桿的加速度

所謂**浮動桿**，即是沒有固定的旋轉中心，如圖 6-1 中 BC 桿。因此在使用相對速度法時，速度的方向為未知數（除非先以瞬心法，才能決定速度的方向）。若機構中含有兩個或更多的浮動桿時，於分析速度及加速度的過程，因未知數太多，因此必須採用試誤法來求解。

例題 6-9

圖 6-11(a) 中，已知 $V_E = 3\,\text{m/s}$ ，$A_E = 46\,\text{m/s}^2$ ，$O_2B = 39\,\text{cm}$ ，$BC = 17\,\text{cm}$ ，$CD = 30\,\text{cm}$ ，$BD = 47\,\text{cm}$ ，$CE = 28\,\text{cm}$ ，求 α_2 、α_3 、α_5 。

解

由於桿 3 及桿 5 都沒有固定的旋轉中心，因此須用試誤法求之。

(1) 首先求各相關點的速度。本題在第五章（例 5-13）已做過類似的速度分析，得知圖 6-11(b)所示。

令　$1\,\text{cm} = 1\,\text{m/s}$ ，$1\,\text{cm} = 10\,\text{m/s}^2$

$$V_D = q'D' = 2.3\,\text{m/s} \qquad V_C = q'C' = 2.9\,\text{m/s}$$

$$V_B = q'B' = 3.6\,\text{m/s}$$

$$V_{C/E} = C'E' = 2.0\,\text{m/s} \qquad V_{D/B} = B'D' = 2.8\,\text{m/s}$$

$$V_{C/B} = C'B' = 1.0\,\text{m/s} \qquad V_{D/C} = C'D' = 1.8\,\text{m/s}$$

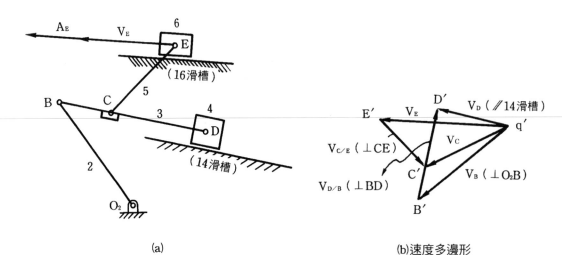

(a)

(b)速度多邊形

▶ 圖 6-11

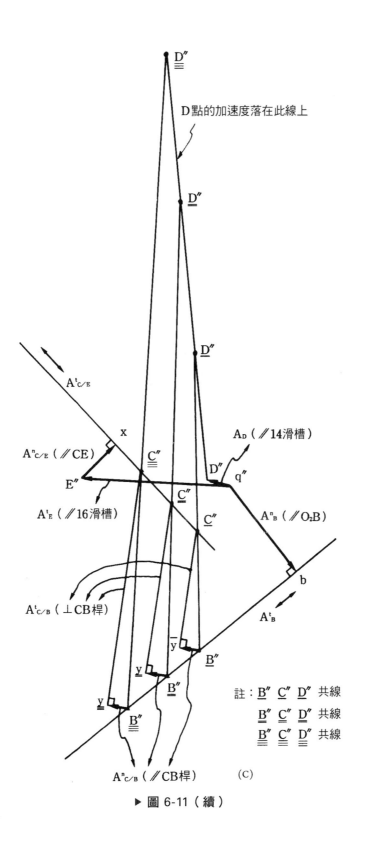

D點的加速度落在此線上

$A^t_{C/E}$

x

$A^n_{C/E}$（∥CE）

A_D（∥14滑槽）

$\underline{\underline{C''}}$

E″

$\underline{C''}$

D″ q″

A^t_E（∥16滑槽）

$\underline{C''}$

A^n_B（∥O_2B）

$A^t_{C/B}$（⊥CB桿）

b

A^t_B

$\overline{y}$

$\underline{B''}$

y

$\underline{B''}$

y

$\underline{\underline{B''}}$

註：$\underline{B''}$ $\underline{C''}$ $\underline{D''}$ 共線

　　$\underline{B''}$ $\underline{C''}$ $\underline{D''}$ 共線

　　$\underline{\underline{B''}}$ $\underline{\underline{C''}}$ $\underline{\underline{D''}}$ 共線

$A^n_{C/B}$（∥CB桿）　　　(C)

▶ 圖 6-11（續）

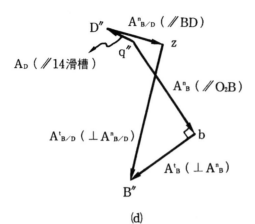

註：圖(d)是利用圖(c)為架構而繪出

(d)

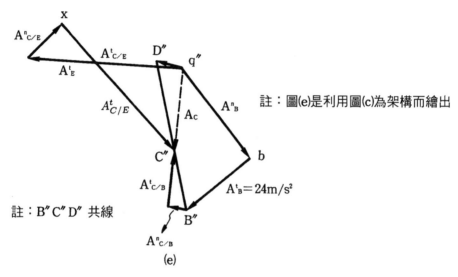

註：圖(e)是利用圖(c)為架構而繪出

註：B″C″D″ 共線

(e)

▶ 圖 6-11（續）

(2) $A_C = A_E + A_{C/E}$

$\underset{\times\times}{A_C} = \underset{\bigcirc}{A_E^n} + \underset{\checkmark\checkmark}{A_E^t} + \underset{\checkmark\checkmark}{A_{C/E}^n} + \underset{\times\checkmark}{A_{C/E}^t}$ (i)

(i)式中

A_C：大小，方向皆不知。

$A_E^n = 0$（$\because V_E$ 的方向不變，$\therefore A_E^n = \dfrac{V_E^2}{\infty} = 0$）

A_E^t：已知 $46\,\mathrm{m/s^2}$，沿(16)滑槽向左（題目給定）。

$A_{C/E}^n$：大小為 $\dfrac{V_{C/E}^2}{R_{C/E}} = \dfrac{2^2}{0.28} = 14.3\,\mathrm{m/s^2}$，方向沿桿 CE，指向 E。

$A_{C/E}^t$：大小不知（ $A_{C/E}^t = R_{C/E}\alpha_{C/E}$ ，$\because \alpha_{C/E} = \alpha_5$ 未知），方向 $\perp A_{C/E}^n$ 。

(i)式未知數超過二個，故無法直接求解。

(3) $A_C = A_B + A_{C/B}$

$$\overset{\times\times}{A_C} = \overset{\checkmark\checkmark}{A_B^n} + \overset{\times\checkmark}{A_B^t} + \overset{\checkmark\checkmark}{A_{C/B}^n} + \overset{\times\checkmark}{A_{C/B}^t} \qquad\qquad (ii)$$

(ii)式中

A_C：大小，方向皆不知。

A_B^n：大小為 $\dfrac{V_B^2}{R_{B/O_2}} = \dfrac{3.6^2}{0.39} = 33.3 \text{ m/s}^2$ ，方向沿桿 O_2B ，指向 O_2 。

A_B^t：大小不知（ $A_B^t = (R_{B/O_2})\alpha_{B/O_2}$ ，$\because \alpha_{B/O_2} = \alpha_2$ 未知），方向 $\perp A_B^n$ 。

$A_{C/B}^n$：大小為 $\dfrac{V_{C/B}^2}{R_{C/B}} = \dfrac{1^2}{0.17} = 5.9 \text{ m/s}^2$ ，方向沿桿 CB ，指向 B 。

$A_{C/B}^t$：大小不知（ $A_{C/B}^t = (R_{C/B})\alpha_{C/B}$ ，$\because \alpha_{C/B} = \alpha_3$ 未知），方向 $\perp A_{C/B}^n$ 。

(ii)式未知數超過二個，故無法直接求解。

(4)利用(i)式=(ii)式

$$\overset{\checkmark\checkmark}{A_E^t} + \overset{\checkmark\checkmark}{A_{C/E}^n} + \overset{\times\checkmark}{A_{C/E}^t} = \overset{\checkmark\checkmark}{A_B^n} + \overset{\times\checkmark}{A_B^t} + \overset{\checkmark\checkmark}{A_{C/B}^n} + \overset{\times\checkmark}{A_{C/B}^t} \qquad\qquad (iii)$$

由(iii)式，繪圖 6-11(c)，

令 1 cm – 10 m/s^2

由 q'' 繪 $A_E^t = q''E'' = 4.6$ cm ，平行滑槽(16)

由 E'' 繪 $A_{C/E}^n = E''X = 1.43$ cm ，平行桿 CE

由 X 繪 $A_{C/E}^t$ （大小不知），垂直 $A_{C/E}^n$

由 q'' 繪 $A_B^n = q''b = 3.33$ cm ，平行桿 O_2B

由 b 繪 A_B^t ，垂直 A_B^n

由於 A_B^t 大小不知，故用試誤法

設 $A_B^t = b\underline{B}''$ 或 $A_B^t = b\underline{\underline{B}}''$ 或 $A_B^t = b\underline{\underline{\underline{B}}}''$

註：$b\underline{\underline{B}}''$可不必做，只要$b\underline{B}''$及$b\underline{\underline{B}}''$即可

欲劃接$A^n_{C/B}$，由$\underline{B}''$、$\underline{\underline{B}}''$、$\underline{\underline{\underline{B}}}''$繪起

$$A^n_{C/B} = \underline{B}''\,\underline{y} = \underline{\underline{B}}''\,\underline{\underline{y}} = \underline{\underline{\underline{B}}}''\,\underline{\underline{\underline{y}}} = 0.59\ \text{cm}$$

由$\underline{y}$、$\underline{\underline{y}}$、$\underline{\underline{\underline{y}}}$劃接$A^t_{C/B}$，垂直$A^n_{C/B}$，得$\underline{C}''$、$\underline{\underline{C}}''$、$\underline{\underline{\underline{C}}}''$

利用加速度影相法，$\underline{D}''$、$\underline{\underline{D}}''$、$\underline{\underline{\underline{D}}}''$分別在$\underline{B''C''}$、$\underline{\underline{B''C''}}$、$\underline{\underline{\underline{B''C''}}}$連線上。

因此

$$\frac{\underline{C''D''}}{CD} = \frac{\underline{B''C''}}{BC}$$

$$\therefore \underline{C''D''} = 30 \times \frac{3.5}{17} = 6.17\ \text{cm}$$

$$\frac{\underline{\underline{C''D''}}}{CD} = \frac{\underline{\underline{B''C''}}}{BC}$$

$$\therefore \underline{\underline{C''D''}} = 30 \times \frac{5.1}{17} = 9.0\ \text{cm}$$

$$\frac{\underline{\underline{\underline{C''D''}}}}{CD} = \frac{\underline{\underline{\underline{B''C''}}}}{BC}$$

$$\therefore \underline{\underline{\underline{C''D''}}} = 30 \times \frac{7}{17} = 12.5\ \text{cm}$$

連接$\underline{D}''$，$\underline{\underline{D}}''$，$\underline{\underline{\underline{D}}}''$，即$A_D$落在此連接線上

由q''繪平行滑槽(14)，交D''，得圖 6-11(c)，$A_D = q''D'' = 0.7\ \text{cm}$

$$\therefore A_D = 7\ \text{m/s}^2$$

(5) $A_B = A_D + A_{B/D}$

$$\overset{\checkmark\checkmark}{A^n_B} + \overset{\times\checkmark}{A^t_B} = \overset{\checkmark\checkmark}{A_D} + \overset{\checkmark\checkmark}{A^n_{B/D}} + \overset{\times\checkmark}{A^t_{B/D}} \qquad\qquad\text{(iv)}$$

(iv)式中

A_D：在步驟(4)中已求出，於圖 6-11(c)中 $A_D = q''D''$。

$A^n_{B/D}$：大小為 $\dfrac{V^2_{B/D}}{R_{B/D}} = \dfrac{2.8^2}{0.47} = 16.7\ \text{m/s}^2$，方向沿桿 BD，指向 D。

$A^t_{B/D}$：大小不知，方向垂直 $A^n_{B/D}$。

(iv)式，利用向量加法得圖 6-11(d)

得　$A_B^t = bB'' = 2.4 \text{ cm}$　　$\therefore A_B^t = 24 \text{ m/s}^2$

得　$A_{B/D}^t = zB'' = 4 \text{ cm}$　　$\therefore A_{B/D}^t = 40 \text{ m/s}^2$

$$\therefore \alpha_2 = \frac{A_B^t}{O_2B} = \frac{24 \text{ m/s}^2}{0.39 \text{ m}} = 62 \text{ rad/s}^2 \, (\curvearrowright)$$

$$\therefore \alpha_3 = \frac{A_{B/D}^t}{BD} = \frac{40 \text{ m/s}^2}{0.47 \text{ m}} = 85 \text{ rad/s}^2 \, (\curvearrowright)$$

(6) 由於 $B''C''D''$ 共線，由圖 6-11(d)，$A_B^t = bB'' = 24 \text{ m/s}^2$，代入圖 6-11(c)中，可得圖 6-11(e)

$$\therefore \frac{B''C''}{BC} = \frac{B''D''}{BD}$$

$$\therefore B''C'' = BC \frac{B''D''}{BD} = 17 \times \frac{4.4}{47} = 1.6$$

得　$A_C = q''C'' = 2.4 \text{ cm}$　　$\therefore A_C = 24 \text{ m/s}^2$

$A_{C/E}^t = xC'' = 5 \text{ cm}$　　$\therefore A_{C/E}^t = 50 \text{ m/s}^2$

$$\therefore \alpha_5 = \frac{A_{C/E}^t}{CE} = \frac{50}{0.28} = 178 \, (\text{rad/s}^2) \, (\curvearrowright)$$

6-5　滾動接觸的加速度

機件在運轉中，常遇到相互滾動接觸的元件，例如：齒輪組及凸輪機構等。

1. 圓在直線上滾動

參考例題 6-3（圖 6-4(a)）。

2. 外接式之滾動

例題 6-10

圖 6-12(a)，已知 R_1、R_2、ω_2、α_2，求圓上（物體 2），P_2 點的加速度。

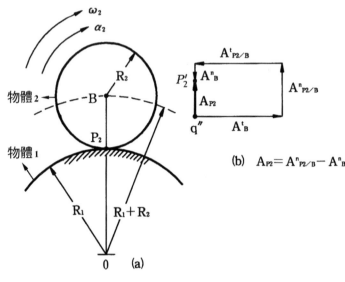

(b)　$A_{P2} = A^n_{P2/B} - A^n_B$

▶ 圖 6-12

解

因滾動接觸（物體 1 靜止），所以 $V_{P_2} = 0$

$$A_{P_2} = A_B + A_{P_2/B}$$

$$\overset{\times\times}{A_{P_2}} = \overset{\checkmark\checkmark}{A^t_B} + \overset{\checkmark\checkmark}{A^n_B} + \overset{\checkmark\checkmark}{A^t_{P_2/B}} + \overset{\checkmark\checkmark}{A^n_{P_2/B}}$$

式中

A^t_B：大小為 $(P_2B) \times \alpha_2$，方向垂直 P_2B，且與 α_2 同向 $(\rightarrow)$

A^n_B：大小為 $\dfrac{V^2_B}{R_1 + R_2} = \dfrac{(R_2\omega_2)^2}{R_1 + R_2}$，方向沿 BO，且指向 $O(\downarrow)$。

$A^t_{P_2/B}$：大小為 $(P_2B) \times \alpha_2$，方向垂直 BP_2，且與 α_2 同向 $(\leftarrow)$

$A^n_{P_2/B}$：大小為 $\dfrac{V^2_{P_2/B}}{BP_2} = \dfrac{(BP_2 \times \omega_2)^2}{BP_2} = R_2\omega^2_2$，方向沿 BP_2，指向 B 點 $(\uparrow)$

A_{P_2}：大小，方向皆不知。

取適當比例，利用向量加法，繪得圖 6-12(b)，

得 $A_{P_2} = A^n_{P_2/B} - A^n_B$（或 $A_{P_2} = q''P_2'$ 圖 6-12(b)）

3. 內接式的滾動

例題 6-11

圖 6-13(a)，求 P_2 點的加速度。

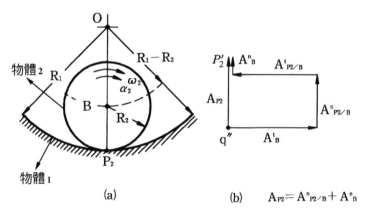

(a)　　　　　　(b)　　$A_{P2} = A^n_{P2/B} + A^n_B$

▶ 圖 6-13

解

因滾動接觸（物體 1 靜止），所以 $V_{P_2} = 0$

$A_{P_2} = A_B + A_{P_2/B}$

$\overset{\times\times}{A_{P_2}} = \overset{\checkmark\checkmark}{A^t_B} + \overset{\checkmark\checkmark}{A^n_B} + \overset{\checkmark\checkmark}{A^t_{P_2/B}} + \overset{\checkmark\checkmark}{A^n_{P_2/B}}$

$A^t_B = (P_2B \times \alpha_2)$，方向 $\perp P_2B$ 且與 α_2 同向 $(\rightarrow)$

$A^n_B = \dfrac{V^2_B}{R_1 - R_2} = \dfrac{(R_2\omega_2)^2}{R_1 - R_2}$，方向 $// BO$ 指向 $O(\uparrow)$

$A^t_{P_2/B} = (P_2B) \times \alpha_2$，方向 $\perp P_2B$ 且與 α_2 同向 $(\leftarrow)$

$A^n_{P_2/B} = \dfrac{V^2_{P_2/B}}{BO_2} = R_2\omega_2^2$，方向 $// BP_2$ 指向 $B(\uparrow)$

A_{P_2}：大小，方向皆不知

以向量加法得 6-13(b)，

得　　$A_{P_2} = A_{P_2/B}^n + A_B^n$（或 $A_{P_2} = q''P_2'$ 圖 6-13(b)）

6-6　科氏加速度(Coriolis Acceleration)

前面所提的機構中，不是連桿只作迴轉運動，就是滑塊只作直線滑動。圖 6-14(a)、(b)、(c)中，物體 2 作旋轉運動，而物體 3 沿著物體 2 的路徑運動（不論直線或曲線），則物體 3 相對於物體 2 上接觸點的相對加速度，會有柯氏加速度分量，其科氏加速度的大小為 $2V_{P_3/P_2}\omega_2$。

柯氏加速度的方向與 V_{P_3/P_2} 垂直，且將 V_{P_3/P_2}，順著 ω_2 的旋轉方向旋轉 $90°$，即得科氏加速度 $2V_{P_3/P_2}\omega_2$ 的方向。

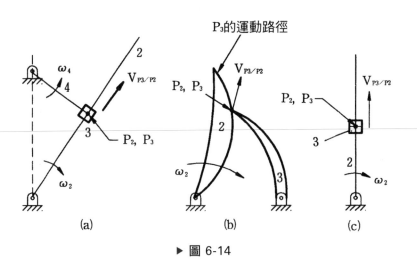

▶ 圖 6-14

在圖 6-15 中，滑塊 3 上的一點 P_3，沿著物體 2 以 V_{P_3/P_2} 的速度移動，P_2 為在此瞬間物體 2 上與 P_3 重合的點，物體 2 以等角速度 ω_2 旋轉，經過時間 dt 以後，物體 2 上 P_2 點，移動到 P_2' 的新位置，而滑塊上的 P_3 點，移動到 P_3'' 的新位置。

因此滑塊 3 上的 P_3，經時間 dt 後的位移，可視為 $P_2P_2' + P_2'P_3' + P_3'P_3''$ 的總合。

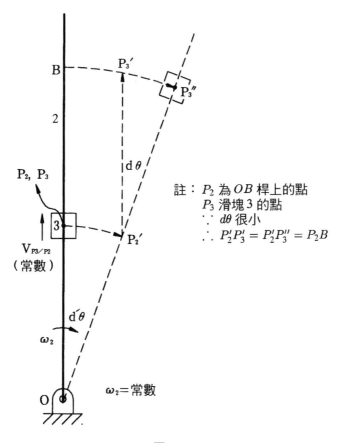

▶ 圖 6-15

圖 6-15 中，V_{P_3/P_2} 為等速，由於 $S = Vt$，所以

$$V_{P_3/P_2}\,dt = P_2B = P_2'P_3' = P_2'P_3'' \tag{6-5}$$

$$P_2P_2' = BP_3' \tag{6-6}$$

設某甲由 P_2，P_2' 到 P_3'' 其移動總距離為

即 $S_甲 = P_2P_2' + P_2'P_3''$

某乙由 P_2，B 到 P_3'' 其移動總距離為

$$S_乙 = P_2B + BP_3' + P_3'P_3'' = P_2B + BP_3''$$

$$S_{\text{乙}} - S_{\text{甲}} = (P_2B + BP_3'') - (P_2P_2' + P_2'P_3'') \quad \text{〔由圖 6-15 知 } P_2B = P_2'P_3'' \text{〕}$$

$$= BP_3'' - P_2P_2'$$

$$= BP_3'' - BP_3' \quad \text{（由(6-6)式知）}$$

$$= \widehat{p_3'p_3''} \tag{6-7}$$

甲與乙由相同起點 P_2，花同樣時間 dt 到同一點 P_3''，但乙卻走的比甲長 $\widehat{p_3'p_3''}$，可見乙須有加速度，且其加速度僅在位移 $BP_3'P_3''$ 處（因 $P_2B = V_{P_3/P_2}$ dt 是為等速運動），乙走的路徑，即是滑塊 P_3 的路徑。

註： P_2 為 OB 桿上的點

P_3 為滑塊 3 的點

$\because d\theta$ 很小

$\therefore P_2'P_2' = P_2'P_3'' = P_2B$，設甲與乙的初速度為 V_o，而其末速度分別為 V_1 及 V_2

$\therefore S_{\text{甲}} = \dfrac{V_o + V_1}{2} dt$, $S_{\text{乙}} = \dfrac{V_o + V_2}{2} dt$

$$S_{\text{乙}} - S_{\text{甲}} = \frac{V_2 - V_1}{2} dt = \frac{1}{2}\left(\frac{V_2 - V_1}{dt}\right)(dt)^2$$

$$= \frac{1}{2} A(dt)^2 \tag{6-8}$$

式 $(6-7) = (6-8)$

$$\therefore \widehat{p_3'p_3''} = \frac{1}{2} A\,(dt)^2 \tag{6-9}$$

$\because S = r\theta$

$$\therefore \widehat{p_3'p_3''} = P_2'P_3'\,(d\theta) = P_2'P_3'\,(\omega_2\,dt)$$

代(6-5)式入上式，得

$$\widehat{p_3'p_3''} = (V_{P_3/P_2}\,dt)\,(\omega_2\,dt) \tag{6-10}$$

式(6-9) = (6-10)

$$\therefore \frac{1}{2} A \,(\mathrm{d}t)^2 = V_{P_3/P_2} \omega_2 \,(\mathrm{d}t)^2$$

$$\therefore A = 2V_{P_3/P_2} \omega_2 \tag{6-11}$$

此即為 P_3 點的科氏加速度分量，科氏為十九世紀法國數學家。

由(6-11)式可知，若 V_{P_3/P_2} 或 ω_2 中任一者為零，則無科氏加速度分量。

科氏加速度的方向，以 V_{P_3/P_2} 的指向，再依角速度 ω_2 的旋轉方向，旋轉90°，即得如圖 6-16。

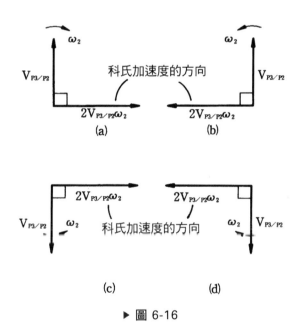

▶ 圖 6-16

📖 例題 6-12

圖 6-17(a)，連桿 2 於 $\theta = 45°$ 時，角速度 $\omega_2 = 4\,\mathrm{rad/s}$，角加速度 $\alpha_2 = 3\,\mathrm{rad/s}^2$，同時連桿 2 上的軸環 C 向外滑動，於 $r = 0.8\,\mathrm{m}$ 時，軸環 C 相對於連桿 2 的速度及加速度分別為 $V_{C/P_2} = 2\,\mathrm{m/s}$，$A_{C/P_2} = 4\,\mathrm{m/s}^2$，求軸環的速度 V_C 及軸環加速度 A_C。

解

P_2 為桿 2 上與軸環 C 相重合的點

$$\overset{\times\times}{\vec{V}_C} = \overset{\checkmark\checkmark}{\vec{V}_{P_2}} + \overset{\checkmark\checkmark}{\vec{V}_{C/P_2}} \tag{i}$$

(i)式中

$V_{P_2} = r \times \omega_2 = 0.8 \times 4 = 3.2 \text{ m/s}$ ，方向 $\perp$ 桿 2

V_{C/P_2} 已知，為 2 m/s（題目給定）

利用向量加法，得圖 6-17(b)

$$\therefore V_C = q'C' = \sqrt{(V_{P_2})^2 + (V_{C/P_2})^2} = 3.77 \text{ m/s}$$

軸環的加速度

$$A_C = A_{P_2} + A_{C/P_2} + 2V_{C/P_2}\omega_{P_2}$$

$$A_C^n + A_C^t = \overset{\checkmark\checkmark}{A_{P_2}^n} + \overset{\checkmark\checkmark}{A_{P_2}^t} + \overset{\circ}{A_{C/P_2}^n} + \overset{\checkmark\checkmark}{A_{C/P_2}^t} + 2\overset{\checkmark\checkmark}{V_{C/P_2}}\,\omega_{P_2} \tag{ii}$$

(ii)式中

$A_{P_2}^n$：大小為 $(0.8) \times 4^2 = 12.8 \text{ m/s}^2$，方向沿桿 2，向著 O

$A_{P_2}^t$：大小為 $(0.8) \times 3 = 2.4 \text{ m/s}^2$，方向 $\perp$ 桿 2，與 α_2 同向

$A_{C/P_2}^n = 0$（$\because V_{C/P_2}$ 方向不變）

A_{C/P_2}^t：已知為 4 m/s^2（題目給）

$2V_{C/P_2}\omega_{P_2} = 2 \times 2 \times 4 = 16 \text{ m/s}^2$，方向如圖 6-17(c)所示

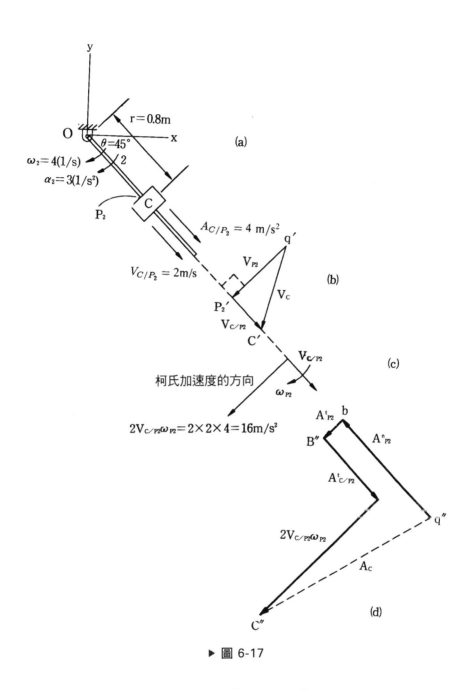

▶ 圖 6-17

(ii)式利用向量加法，得圖 6-17(d)，得 $A_C = q''C''$

或 $A_C = \sqrt{(A_{P_2}^n - A_{C/P_2}^t)^2 + (A_{P_2}^t + 2V_{C/P_2}\omega_{P_2})^2}$

$\qquad = \sqrt{(12.8-4)^2 + (2.4+16)^2} = 20.4 \text{ m/s}^2$

■ 例題 6-13

圖 6-18(a)，P_2、P_4 分別屬於連桿 2 及連桿 4，且 P_2、P_4 於滑塊 3 上銷接處重合。當 $\theta = 45°$，$O_2O_4 = 50\,\text{cm}$，$O_2P_2 = 25\,\text{cm}$，$O_4P_4 = 37\,\text{cm}$，$\omega_2 = 12.5\,\text{rad}/\text{s}$，$\alpha_2 = 0$，求 ω_4、α_4。

◢ 解

(1)先求 P_4 點的速度

$$\overset{\times\checkmark}{V_{P_4}} = \overset{\checkmark\checkmark}{V_{P_2}} + \overset{\times\checkmark}{V_{P_4/P_2}} \tag{i}$$

式(i)中

$V_{P_2} = (O_2P_2)\omega_2 = (0.25\,\text{m})(12.5\,\text{rad}/\text{s}) = 3.125\,\text{m}/\text{s}$，方向垂直 O_2P_2

V_{P_4/P_2}：大小不知，方向沿桿 4

V_{P_4}：大小不知，方向垂直 O_4P_4

利用向量加法，得圖 6-18(b)

量得 $V_{P_4/P_2} = P_2'P_4' = 3\,\text{m}/\text{s}$

$V_{P_4} = q'P_4' = 0.9\,\text{m}/\text{s}$

$$\therefore \omega_4 = \frac{V_{P_4}}{O_4P_4} = \frac{0.9\,\text{m}/\text{s}}{0.37\,\text{m}} = 2.43\,\text{rad}/\text{s}$$

(2)求 P_4 點的加速度

$$A_{P_4} = A_{P_2} + A_{P_4/P_2} + 2V_{P_4/P_2}\omega_{P_2} \tag{ii}$$

在圖 6-18(d)中，AB 弧是 P_4 在連桿 2 上的運動軌跡，所以 V_{P_4/P_2} 是人站在 P_2 看 P_4 的運動軌跡，較不易描述。若改成 V_{P_2/P_4}，因 P_2 在連桿 4 上的運動軌跡是沿連桿 4 的直線方向，所以 V_{P_2/P_4} 是人站在 P_4 看 P_2 的速度，且沿著連桿 4。

$\therefore$ 將(ii)式，改寫成

$$A_{P_2} = A_{P_4} + A_{P_2/P_4} + 2V_{P_2/P_4}\omega_4$$

$$\overset{\checkmark\checkmark}{A_{P_2}^n} + \overset{\bigcirc}{A_{P_2}^t} = \overset{\checkmark\checkmark}{A_{P_4}^n} + \overset{\times\checkmark}{A_{P_4}^t} + \overset{\bigcirc}{A_{P_2/P_4}^n} + \overset{\times\checkmark}{A_{P_2/P_4}^t} + \overset{\checkmark\checkmark}{2V_{P_2/P_4}\omega_4} \tag{iii}$$

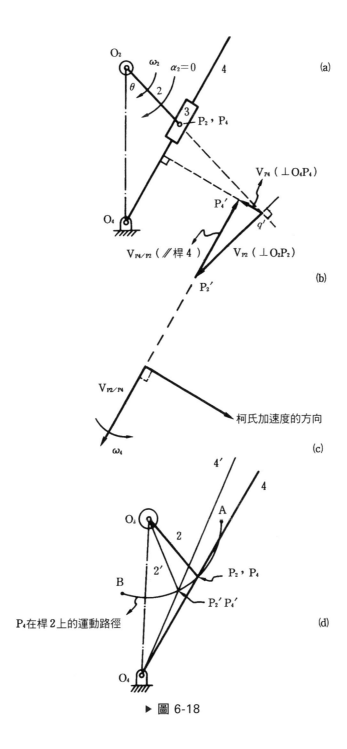

▶ 圖 6-18

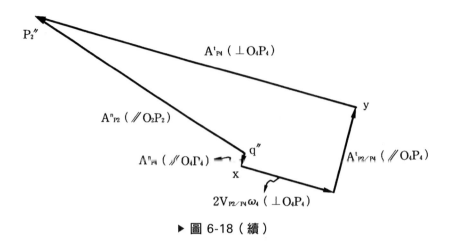

▶ 圖 6-18（續）

(iii)式中

$$A_{P_2}^n = \frac{V_{P_2}^2}{O_2P_2} = \frac{(3.125)^2}{0.25} = 39.06\,\text{m}/\text{s}^2 \text{，方向平行 } O_2P_2 \text{，指向 } O_2$$

$$A_{P_2}^t = (O_2P_2)\alpha_2 = 0$$

$$A_{P_4}^n = \frac{V_{P_4}^2}{O_4P_4} = \frac{(0.9)^2}{0.37} = 2.19\,\text{m}/\text{s}^2 \text{，方向平行 } O_4P_4 \text{，指向 } O_4$$

$A_{P_4}^t$：大小不知，方向垂直 $A_{P_4}^n$

$$A_{P_2/P_4}^n = \frac{V_{P_2/P_4}^2}{\infty} = 0 \quad (\because V_{P_2/P_4} \text{ 沿桿 } 4 \text{，} \therefore \text{方向不變})$$

A_{P_2/D_4}^t：大小不知，方向沿桿 4

柯式加速度

$$2V_{P_2/P_4}\omega_4 = 2 \times 3 \times 2.43 = 14.58\,\text{m}/\text{s}^2 \text{，其方向如圖 6-18(c)所示。}$$

(iii)式利用向量加法，繪得圖 6-18(e)所示。

得　　$A_{P_4}^t = yP_2'' = 52\,\text{m}/\text{s}^2$

$$\therefore \alpha_4 = \frac{A_{P_4}^t}{O_4P_4} = \frac{52\,\text{m}/\text{s}^2}{0.37} = 140.5\,\text{rad}/\text{s}^2(\curvearrowright)$$

例題 6-14

圖 6-19(a)，圓盤 2 繞 O_2 旋轉其角速度 $\omega_2 = 4\,\text{rad}/\text{s}$（逆時針），角加速度 $\alpha_2 = 10\,\text{rad}/\text{s}^2$（順時針），圓盤內滑塊 C，在 $x = 1.5\,\text{cm}$ 時，C 相對於圓盤 2 上點 B 之速度及加速度分別為 $V_{C/B} = 0.125\,\text{m}/\text{s}$，$A_{C/B} = 2.0\,\text{m}/\text{s}^2$ 方向皆朝外，求此瞬間滑塊的速度 V_C 及加速度 A_C。

解

$$\overset{\times\times}{V_C} = \overset{\checkmark\checkmark}{V_B} + \overset{\checkmark\checkmark}{V_{C/B}} \tag{i}$$

(i)式中

$V_B = x\omega_2 = 0.15 \times 4 = 0.6\,\text{m}/\text{s}$，方向垂直 x。

$V_{C/B}$ 題目給定

(i)式，利用向量加法，得圖 6-19(b)，

$$V_C = q'C' = \sqrt{V_B^2 + V_{C/B}^2} = \sqrt{(0.6)^2 + (0.125)^2}$$
$$= 0.613\,\text{m}/\text{s}$$

$$A_C = A_B + A_{C/B} + 2V_{C/B}\omega_B$$
$$= \overset{\checkmark\checkmark}{A_B^n} + \overset{\checkmark\checkmark}{A_B^t} + \overset{\bigcirc}{A_{C/B}^n} + 2 + \overset{\checkmark\checkmark}{V_{C/B}\omega_B} \tag{ii}$$

(ii)式中

$A_B^n = x\omega_2^2 = 0.15 \times 4^2 = 2.4\,\text{m}/\text{s}^2$，方向平行 O_2C，指向 O_2

$A_B^t = x\alpha_2 = 0.15 \times 10 = 1.5\,\text{m}/\text{s}^2$，方向垂直 O_2C，與 α_2 同向。

$A_{C/B}^n = 0$（$\because C$ 只在滑槽作直線運動）

$A_{C/B}^t = 2.0\,\text{m}/\text{s}^2$（已知）

柯氏加速度：$2V_{C/B}\omega_B = 2 \times 0.125 \times 4 = 1\,\text{m}/\text{s}^2$，方向如圖 6-19(c)所示

(ii)式利用向量加法，得圖 6-19(d)

得 $A_C = q''C = \sqrt{(A_B^n - A_{C/B}^t)^2 + (A_B^t - 2V_{C/B}\omega_B)^2}$
$$= \sqrt{(2.4 - 2.0)^2 + (1.5 - 1)^2} = 0.64\,\text{m}/\text{s}^2$$

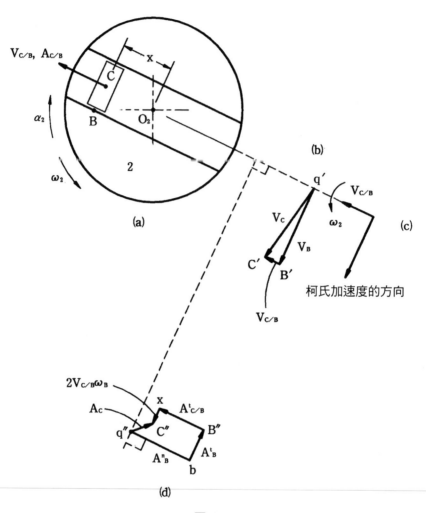

▶ 圖 6-19

📖 例題 6-15

圖 6-20(a)，已知 $\omega_2 = 5\,\mathrm{rad/s}$，$\alpha_2 = 10\,\mathrm{rad/s^2}$ 兩者皆為順時針，求連桿 4 的角速度及角加速度。

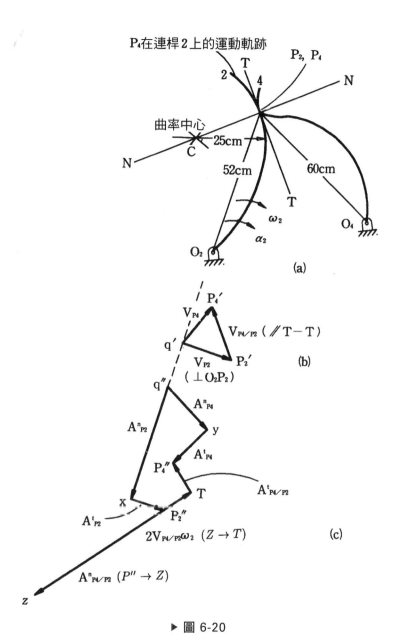

▶ 圖 6-20

解

$$\overset{\checkmark\checkmark}{V_{P_4}} = \overset{\checkmark\checkmark}{V_{P_2}} + \overset{\times\checkmark}{V_{P_4/P_2}} \tag{i}$$

(i)式中

$$V_{P_2} = (O_2P_2)\omega_2 = 0.52 \times 5 = 2.6\ \mathrm{m\,/\,s}\ ，方向 \perp O_2P_2$$

$$V_{P_4/P_2}：大小不知，方向平行公切線 T-T$$

$$V_{P_4}：大小不知，方向 \perp O_4P_4$$

(i)式，利用向量加法，繪得圖 6-20(b)

$$V_{P_4} = q'P_4' = 2.1\ \mathrm{m\,/\,s}$$

$$\omega_4 = \frac{V_{P_4}}{O_4P_4} = \frac{2.1}{0.6} = 3.5\ \mathrm{rad\,/\,s}$$

$$V_{P_4/P_2} = P_2'P_4' = 2.3\ \mathrm{m\,/\,s}$$

求 P_4 點的加速度：

$$A_{P_4} = A_{P_2} + A_{P_4/P_2} + 2V_{P_4/P_2}\omega_{P_2}$$

$$\overset{\checkmark\checkmark}{A_{P_4}^n} + \overset{\times\checkmark}{A_{P_4}^t} = \overset{\checkmark\checkmark}{A_{P_2}^n} + \overset{\checkmark\checkmark}{A_{P_2}^t} + \overset{\checkmark\checkmark}{A_{P_4/P_2}^n} + \overset{\times\checkmark}{A_{P_4/P_2}^t} + \overset{\checkmark\checkmark}{2V_{P_4/P_2}\omega_{P_2}} \tag{ii}$$

(ii)式中

$$A_{P_4}^n = \frac{V_{P_4}^2}{O_4P_4} = \frac{2.1^2}{0.6} = 7.35\ \mathrm{m\,/\,s^2}\ ，/\!/\,O_4P_4，指向 O_4。$$

$$A_{P_4}^t：大小不知，方向垂直 A_{P_4}^n。$$

$$A_{P_2}^n = \frac{V_{P_2}^2}{O_2P_2} = \frac{2.6^2}{0.52} = 13\ \mathrm{m\,/\,s^2}\ ，/\!/\,O_2P_2 指向 O_2。$$

$$A_{P_2}^t = (O_2P_2)\alpha_2 = 0.52 \times 10 = 5.2\ \mathrm{m\,/\,s^2}\ ，\perp O_2P_2，與 \alpha_2 同向。$$

$$A_{P_4/P_2}^n = \frac{V_{P_4/P_2}^2}{CP_2} = \frac{2.3^2}{0.25} = 21.16\ \mathrm{m\,/\,s^2}\ ，/\!/\,CP_2(/\!/\,N-N)指向 C。$$

$$A_{P_4/P_2}^t：大小不知，方向垂直 A_{P_4/P_2}^n。$$

$$2V_{P_4/P_2}\omega_{P_2} = 2V_{P_4/P_2}\omega_2 = 2 \times 2.3 \times 5 = 23\ \mathrm{m\,/\,s^2}\ ，方向 \perp V_{P_4/P_2}。$$

(ii)式，利用向量加法，得 6-20(c)

$$A_{P_4}^t = yP_4'' = 51\,\mathrm{m/s^2}$$

$$\therefore \alpha_4 = \frac{A_{P_4}^t}{O_4 P_4} = \frac{51}{0.6} = 85\,\mathrm{rad/s^2}$$

6-7 等效連桿組(Equivalent Linkage)

在直接接觸機構中，如圖 6-14 所示，欲分析接觸點的加速度時，往往涉及柯氏加速度，若又遇到接觸點間相對速度的運動路徑不明確，將使分析工作更加困難。因此，若能以適當的四連桿機構，將高對轉換成低對運動，使之沒有柯氏加速度，將可使問題大為簡化。

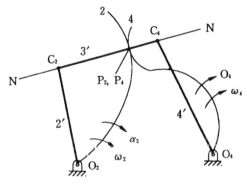

▶ 圖 6-21 等效連桿

圖 6-21 中，等效連桿 2′、4′ 分別與其對應的原連桿 2、4，在此一瞬間該等效連桿，有相等的角速度及角加速度。

等效連桿作法說明如下：

如圖 6-21 所示，等效連桿組的浮桿 3′，沿著接觸點的公法線 $(N-N)$，且連接兩桿件 P_2、P_4 的曲率中心，C_2、C_4 成浮桿 3′，再連結 C_2O_2 形成 2′ 桿，連結 C_4O_4 形成 4′ 桿，即成等效四連桿。

圖 6-22(a)，連桿 4 以單一點與連桿 2 相接觸，所以 P_4 點的曲率中心 C_4 與 P_4 重合，桿 2 的點 P_2，其曲率中心為 C_2，所以連接 C_2C_4 形成浮桿 3′，連接 C_2O_2 形成桿 2′，連接 C_4O_4 形成桿 4′。其等效桿如圖 6-22(b)所示。

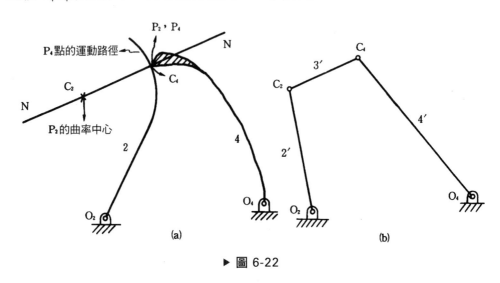

▶ 圖 6-22

圖 6-23(a)，若將凸輪 2 擴大，即可看成桿 4 上的 P_4 點，在擴大後的凸輪上運動（如虛線所示）。因此連桿 4 以單一點與擴大後的連桿 2 相接觸，所以 P_4 點的曲率中心 C_4 與 P_4 重合，C_2 為連桿 2 的曲率中心。得其等效連桿，如圖 6-23(b)。

圖 6-24(a)，P_2、P_4 的曲率中心分別是 C_2、C_4。其等效連桿，如圖 6-24(b)。

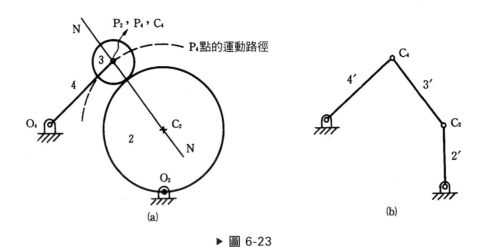

▶ 圖 6-23

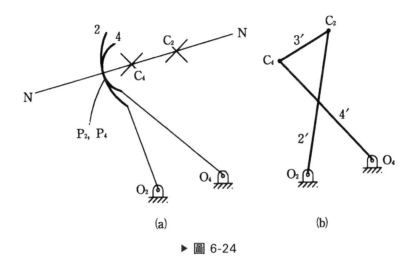

▶ 圖 6-24

　　圖 6-25(a)，將連桿 2 擴大，如虛線所示，則連桿 4 以單一點與連桿 2 接觸，所以 P_4 點的曲率中心 C_4 與 P_4 重合，C_2 為連桿 2 的曲率中心。連接 O_2C_2、C_2C_4 分別形成等效桿 $2'$、桿 $3'$，如圖 6-25(b)所示。

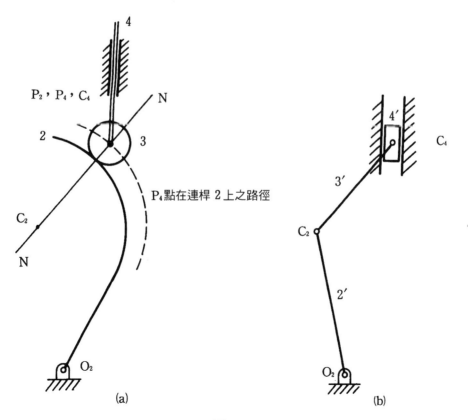

▶ 圖 6-25

圖 6-26(a)，桿 4 的曲率中心 C_4 在無窮遠處，桿 2 的曲率中心為 C_2。浮桿 3′ 由 C_2、C_4 連接而成，但 C_4 在無窮遠處，觀察者位於 C_4 看 C_2 的運動，視為 C_2 作直線運動。因此可將浮桿 3′ 視為滑塊（C_2 為滑塊上的一點），於平行 O_4P_4 的滑槽內滑動，而滑槽位於連桿 4′ 內，即可得圖 6-26(b)所示。

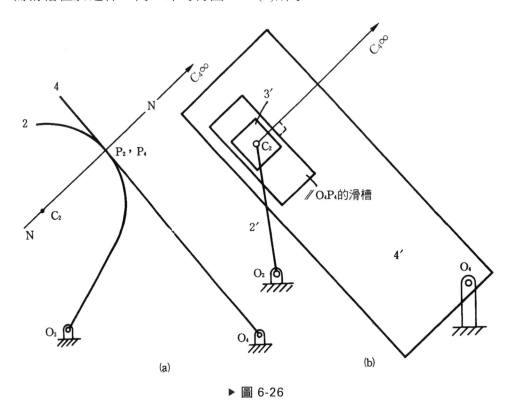

(a)

(b)

▶ 圖 6-26

習題六

1. 圖 E-1，已知 $\omega_2 = 30\,\text{rad}/\text{s}$，$\alpha_2 = 10\,\text{rad}/\text{s}^2$ 皆順時針，求 ω_3、α_3。

2. 圖 E-2，$V_A = 5\,\text{m}/\text{s}$，$A_A = 10\,\text{m}/\text{s}^2$，$\overline{AB} = 32\,\text{cm}$，$\theta = 30°$，求 B 及 C 點的加速度。

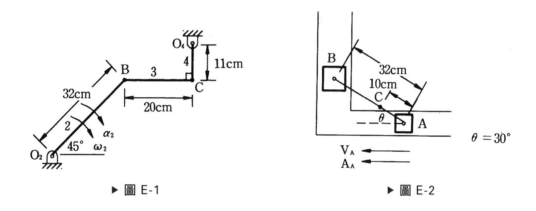

▶ 圖 E-1　　　　　　　　▶ 圖 E-2

3. 圖 E-3 中，偏心輪繞 A 旋轉，已知 $\omega_2 = 5\,\text{rad}/\text{s}$，$\alpha_2 = 8\,\text{rad}/\text{s}^2$ 皆順時針，求從動件 4 的加速度。

4. 求圖 E-3 的等效連桿。

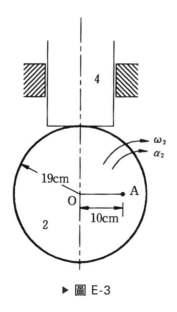

▶ 圖 E-3

5. 圖 E-4 中，$O_2B = 38\,\mathrm{cm}$，$BC = 20\,\mathrm{cm}$，$CD = 40\,\mathrm{cm}$，$CE = 60\,\mathrm{cm}$，$V_E = 10\,\mathrm{m/s}$，$A_E = 15\,\mathrm{m/s^2}$，求 ω_3、α_3、A_C、A_D。

6. 圖 E-5，圓柱直徑 25 cm，以 $\omega = 5\,\mathrm{rad/s}$ 的等角速作純滾動（逆時針），$AB = 60\,\mathrm{cm}$，求 A 點的速度與加速度。

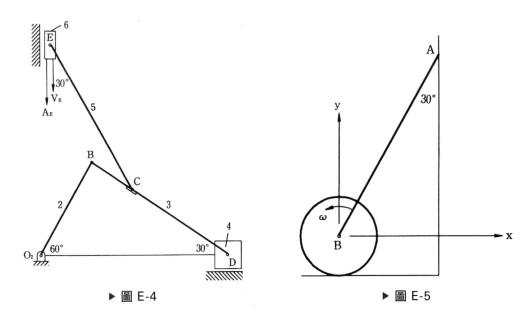

▶ 圖 E-4   ▶ 圖 E-5

7. 圖 E-6 中，C_2、C_4 分別為桿 2 及桿 4 的曲率中心，$O_2P_2 = 60\,\mathrm{cm}$，$O_4P_4 = 45\,\mathrm{cm}$，$\omega_4 = 4\,\mathrm{rad/s}$，$\alpha_4 = 10\,\mathrm{rad/s^2}$ 皆為逆時針，求 A_{P_2} 及 α_2。

8. 圖 E-6 中，繪出其等效連桿。

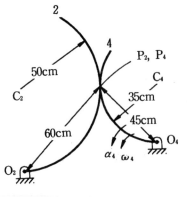

▶ 圖 E-6

CHAPTER 07

齒　輪

 **本章綱要**

MECHANISMS

　　欲了解齒輪運作的原理，必須先了解滾動元件之間，動力傳動的基本法則，因為齒輪可視為滾動元件的形態，其目的在避免滾動元件之間，難以避免的滑動現象。

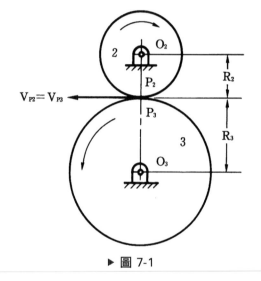

　　如圖 7-1 所示，兩個互相緊密接觸的圓柱，假如其中之一為主動件，繞著圓柱中心軸轉動，且迫使另一圓柱亦繞著本身的中心軸轉動，假如兩者之間沒有滑動的現象發生，則依據我們對相對速度的了解，V_{P2} 必須相等於 V_{P3}。由於轉動的機件上任何一點的線速度，等於機件的旋轉角速度乘以旋轉半徑，因此可以得到下面的式子：

$$V_{P2} = \omega_2 R_2 = V_{P3} = \omega_3 R_3$$

即得

▶ 圖 7-1

$$\frac{\omega_2}{\omega_3} = \frac{R_3}{R_2} \tag{7-1}$$

　　也就是兩個圓柱的旋轉角速度，和他們的半徑呈反比。但是此種結論，是在兩者之間沒有滑動的情況才成立。但是兩個圓柱之間動力的傳送，完全靠摩擦力，對於此種摩擦驅動的機構，兩個間滑動是難以避免。如果兩者需傳動高扭力，則只有增加兩者間的正向壓力來達成，如此將造成在 O_2 及 O_3 處的軸承負荷，因此一般而言，傳遞大的動力，不使用摩擦驅動，除非有特別的考慮。

7-3　齒輪的基本定律

　　滾動元件所能傳遞的動力大小受到限制，且元件之間極易發生滑動現象，為了解決這些問題，可在圓柱之表面加上齒形，此種元件就是齒輪，如圖 7-2 所示。齒輪間互相傳送動力，和兩圓柱間互相傳送動力（沒有滑動的情形）是相同的，因此可用 7-1 式來分析，此時兩圓柱外緣所構成的圓，稱為齒輪的節圓（即節圓直徑），而其接觸點，P 稱為**節點**，在 P 點上，兩齒輪有相同的線速度。

　　但是當在圓柱外緣造齒時，兩齒輪實際接觸的點，就不再是 P 點，而是 P_2 點和 P_3 點相接觸，如果主動齒輪以固定轉速旋轉，且希望被動齒輪的轉速也不隨著時間改變（即被動齒輪也等速轉動），則齒面的形狀，必須使每一個接觸點的共法線，都通過固定的點 P，如圖 7-3，也就是節點的位置不能隨時間改變，這樣才能以固定的節圓來分析齒輪的轉動，此乃齒輪傳動的基本定律。

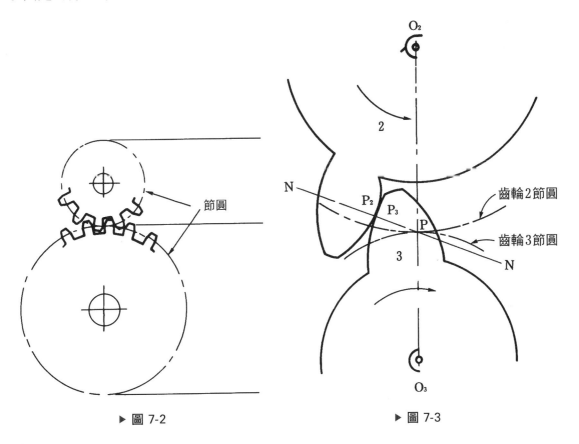

▶ 圖 7-2　　　　　　　　　　　　▶ 圖 7-3

在更深入的研究齒輪之前，先了解齒輪的許多定義和名詞。現以正齒輪來解釋名詞，正齒輪的齒形最簡單，如圖 7-4 所示。

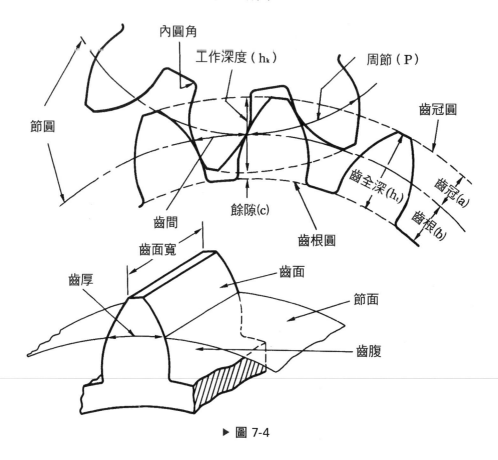

▶ 圖 7-4

節徑 (*D*) 是節圓直徑的簡稱，節圓已敘述於上一節，是分析齒輪傳動的假想圓。

周節 (p_c) 是沿著節圓之圓弧上，由第一個齒的某一位置，量到相鄰齒相同位置的距離。若以公式表示則 $p_c = \dfrac{\pi D}{T}$，其中 T 為齒數，P_c 愈大，表示齒輪的齒形愈大。

徑節 (P_d) 無單位，是齒輪齒數與節徑的比值，用於英制單位，所以

$$P_d = \frac{T}{D(\text{in})} \text{，而} \quad p_c P_d = \pi$$

模數 (m) 無單位、是節圓直徑與齒數的比值,用於公制單位,因此

$$m = \frac{D(\text{mm})}{T}$$

若轉換成相同的單位,則 P_d 恰與 m 成反比,而 m 與周節 p_c 之關係為

$$p_c = \pi m \ , \ P_c P_d = \pi \ , \ P_d m = 25.4$$

　　周節、模數和徑節三者的數值,都可作為齒形大小的度量,而對兩個欲互相嚙合(配合)的齒輪,齒形的大小必須相等才能嚙合。因此,兩個齒輪嚙合,必須有相同的周節、模數和徑節,但是三者有相同的值,並不代表齒輪一定能配合。

齒冠(a)　為齒輪齒冠圓半徑和節圓半徑的差。

齒根(b)　為齒輪節圓半徑和齒根圓半徑的差。

工作深度(h$_k$)　是兩個嚙合的齒輪運轉時彼此能深入對方的最大深度,實際上等於兩個齒輪的齒冠和。

齒面　齒輪側面從節圓到齒冠圓間的曲面。

齒腹　齒輪側面從節圓往下到齒根間的曲面。

內圓角　為齒腹與根相接處之圓角,其目的乃在消除應力集中之現象。

餘隙(c)　為齒輪的齒冠圓到與其嚙合之齒輪齒根的最短距離。

齒厚　為延著節圓弧上,所量得的一個齒的厚度。

齒間　為延著節圓的圓弧上,齒與齒之間的間隔。

中心距(C)　為兩個互相嚙合齒輪間的軸心距離。

背隙　為兩個齒輪嚙合時,齒間與齒厚的差值。理論上背隙應該為零,但實際上因為冷縮熱脹的考慮,必須要有少許背隙。

齒全深 (h_t)　為齒的總高度,等於齒冠與齒根之和。

7-5 漸開線齒輪

任意兩個嚙合齒輪的齒輪廓，必須符合 7-2 節所說的齒輪基本定則，彼此配合而能滿足基本定則的兩個齒輪的輪廓曲線，互稱為**共軛曲線**，雖然可以互為共軛曲線有多種可能，但以漸開線與擺線之齒廓為人所廣泛採用。

圖 7-5 說明漸開線的繪製方法，我們從一已知的基圓開始，按等角度畫圓的半徑線 $\overline{01}$、$\overline{02}$、$\overline{03}$、…通過點 2 作圓的切線取 2′ 點，令線段長 $\overline{22'}$，等於弧長 12，同樣的方法作線段 $\overline{33'}$、$\overline{44'}$、…，最後用平滑的曲線連接 1、2′、3′、4′、…，便完成了漸開線的繪製。從圖中可以發現，$\overline{22'}$、$\overline{33'}$、$\overline{44'}$、…等不僅是基圓的切線，同時也是漸開線的法線。

圖 7-6 說明兩個漸開線齒輪嚙合之情形，AB 和 CD 曲線即為漸開線，也是齒的外型，當齒輪轉動時，接觸點 N 也跟著變動，但無論如何變動通過接觸點 N 的共法線，必定是兩基圓的公切線。且接觸點 N 必定延著 $\overline{EF}$ 線移動，從另一個角度來看，不論齒輪旋轉到那一個角度，接觸點在那裡，$\overline{EF}$ 永遠是接觸點的共法線，而 $\overline{EF}$ 與連心線 $\overline{O_2O_3}$ 的交點 P 稱為**節點**，且節點的位置，不隨時間改變，因此符合齒輪的基本定律。

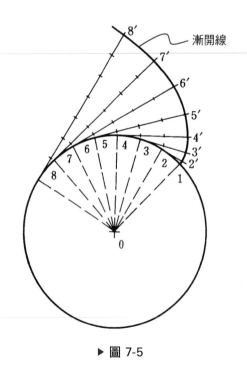

▶ 圖 7-5

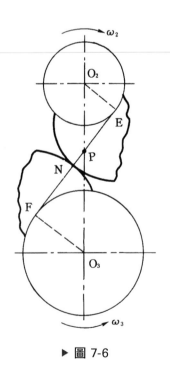

▶ 圖 7-6

7-6　漸開線齒輪的嚙合

　　圖 7-7 表示一對嚙合的漸開線齒輪，上方的齒輪是主動件，順時鐘方向旋轉，帶動下方的被動齒輪逆時鐘方向旋轉，P 點是節點，$\overline{EF}$ 是兩齒輪基圓的公切線，所以任意兩齒的接觸點必沿著 $\overline{EF}$ 線移動。

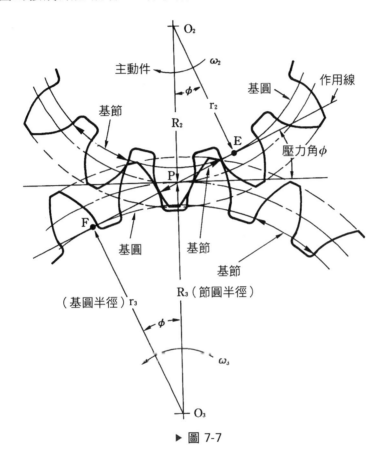

▶ 圖 7-7

　　在不考慮摩擦力的情況，齒輪間的作用力也必沿著 $\overline{EF}$ 的方向，所以此直線又稱為作用線，而作用線和連心線 $\overline{O_2O_3}$ 的垂直線之間的夾角 ϕ，稱為**壓力角**，而且既然 $\overline{EF}$ 是兩個齒輪基圓的公切線，所以 $\angle EO_2P$ 和 $\angle FO_3P$ 也會相等於功力角。不論 ΔEO_2P 或 ΔFO_3P，可得到節圓半徑 R 和基圓半徑 r 之關係為 $r = R\cos\phi$，因此如果一對嚙合齒輪的節圓半徑 R_2、R_3 及齒輪的壓力角 ϕ 已知，則基圓最簡單的求法，就是先畫出連心線 $\overline{O_2O_3}$，且定出節點 P，通過 P 點畫出 $\overline{O_2O_3}$ 之垂直線，再通過 P 點畫出與此垂直線夾 ϕ 角之作用線，通過齒輪之中心點 O_2 及 O_3，畫作用線的垂直線，和作用線交於點 E 和點 F，即可定出兩個齒輪的基圓半徑 r_2 和 r_3。

提到了基圓（用於形成漸開線齒形），順便定義一個常用的名詞「基節」，基節是延著基圓的弧線上，相鄰兩個齒同一位置之間的長度，此長度亦等於作用線上相鄰兩齒的直線距離，如圖 7-7 上所標示。因為基節等於基圓之圓周長除以齒數，而周節等於節圓之圓周長除以齒數，而且節圓半徑和基圓半徑有著 $\cos\phi$ 的關係，因可以得到基節 p_b 和周節 p_c 之關係如下

$$p_b = p_c \cos\phi \quad (\phi \text{為壓力角})$$

當齒輪製造完成後，基節和基圓就固定，但是節圓直徑和周節，會隨著安裝時中心距離不同而稍有變化。同樣的當中心距稍有變化時，壓力角也有些微的變化，這是漸開線齒輪的缺點。當齒輪使用過一陣子後，若中心距離稍有變化，則壓力角及節圓大小皆會隨著改變，但是基圓卻不會有變化。

從圖 7-7 看得出來，基圓往內到齒根圓之間的齒形，就不再是漸開線，通常以徑向直線相連接。正常嚙合的齒輪，接觸點不會發生在這直線段的部位。

圖 7-8 所示為一對漸開線齒嚙合時，相接觸的兩個齒，剛開始接觸和剛要分離的示意圖。

當主動齒輪碰觸到被動齒輪的齒冠點 A 時，接觸就開始了（如圖 7-8 右側之陰影圖所示），此時主動齒輪節圓上的點 C，以及被動齒輪節圓上的點 D，和個別的圓心及連心線所形成的角度 α_2 及 α_3，稱為**接近角**。

接觸點會沿著作用線移動，主動齒輪齒冠上的點 B，是最後能接觸到被動齒輪的點，再接下來兩個齒就分開了，此時節圓上的點 $G.H$，和圓心以及連心線間所構成的角 β_2 及以 β_3，稱為**齒輪的離去角**，而線段 $\overline{AB}$ 是兩齒輪實際接觸的路徑長。根據經驗，通常接近角和離去角並不相等。

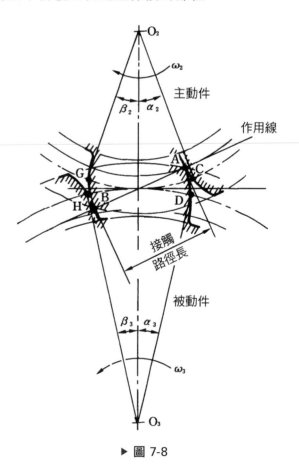

▶ 圖 7-8

7-7 　接觸比

當齒輪互相嚙合運轉時,最基本的要求當然是希望運轉平穩,更進一步,希望齒的受力能由小再逐漸增加,因此,當兩個齒輪嚙合時,最好有一個以上的齒同時作用,因此齒輪設計時,很重要的一個參數,就是接觸比,它的定義如下:

$$m_c = \frac{接觸路徑全長}{基\quad 節} = \frac{\overline{AB}}{p_b}$$

它所代表的意義是,當兩個齒輪嚙合時,平均而言,有幾對齒同時作用,為了保證齒輪的連續動作,理論上最小的接觸比應為 1,而在實際應用上,接觸比應在 1.4 以上。接觸比愈大,齒輪運轉時將更安靜平穩。

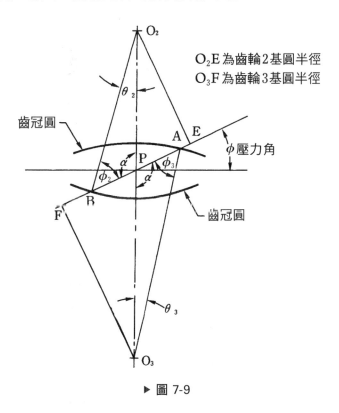

O_2E 為齒輪2基圓半徑
O_3F 為齒輪3基圓半徑

▶ 圖 7-9

接觸比的計算,以作圖法直接量測接觸路徑長,圖 7-9 說明如何以繪圖來求得接觸路徑之長度 $\overline{AB}$。如果希望更準確的求出接觸路徑長,可利用圖 7-9 的幾何關係來計算。圖中 P 為節點,$\overrightarrow{AB}$ 為作用線,A 點是齒輪剛開始接觸的點,位於被動

齒輪之齒冠圓上，而 B 點是接觸的最後一點，位於主動齒輪的齒冠圓上。$\overline{O_2E}$ 及 $\overline{O_3F}$ 垂直於作用線 $\overline{AB}$，所以其長度為基圓半徑。由 ΔAPO_3 的正弦定理可得到

$$\frac{\overline{AP}}{\sin\theta_3}=\frac{\overline{PO_3}}{\sin\phi_3}=\frac{\overline{AO_3}}{\sin\alpha} \tag{7-2}$$

所以 $\quad \overline{AP}=\frac{\overline{AO_3}\sin\theta_3}{\sin\alpha}$ (7-3)

其中 $\quad \theta_3=\pi-(\alpha+\phi_3)$

由 7-2 式可得到

$$\phi_3=\sin^{-1}\left(\frac{\overline{PO_3}\sin\alpha}{\overline{AO_3}}\right)$$

而 $\quad \alpha=90°+\phi$

因此若知道節圓半徑 PO_3、壓力角 ϕ 及齒冠圓半徑 $\overline{AO_3}$，$\overline{AP}$ 可以計算出來。同樣由 ΔBPO_2，可以導出

$$\overline{BP}=\frac{\overline{BO_2}\sin\theta_2}{\sin\alpha} \tag{7-4}$$

而

其中 $\quad \theta_2=\pi-(\alpha+\phi_2)$

同樣的 $\quad \phi_2=\sin^{-1}\left(\frac{\overline{PO_2}\sin\alpha}{\overline{BO_3}}\right)$

接觸路徑長度 $\overline{AB}=\overline{AP}+\overline{BP}$。很明顯的，欲增加接觸路徑長，使用較長的齒冠是可行的方法之一，但增加齒冠長度是有限度的，下一節我們將會探討到這個問題。

7-8　漸開線齒輪的過切與干涉

　　齒輪之所以能正確的運轉，在於其擁有共軛齒廓，而其齒廓曲線，從基圓開始，基圓內部就已經不是共軛曲廓，因此齒輪囓合的接觸點，必須在齒輪的基圓外側，否則齒輪的運轉可能發生問題。

　　從圖 7-9 來看也就是說：A、B 必須在 E、F 點之內側。在齒輪其他條件不變的況下，兩個齒輪的齒數（正比於齒輪尺寸之大小）相差愈多，齒輪囓合愈有可能出現問題，也就是 A 點或 B 點，愈可能跑出 $\overline{EF}$ 線段之外側，極限的情況是，一個小齒輪和齒條相配合，如圖 7-10 所示。在這種情況下如果不產生問題，則此一小齒輪與同一系列之任何齒輪搭配，必然不會有問題，從圖 7-9 也可以看出，如果齒輪之齒數不變，則齒冠加長，也可能使得問題出現，現以圖 7-11 來說明。

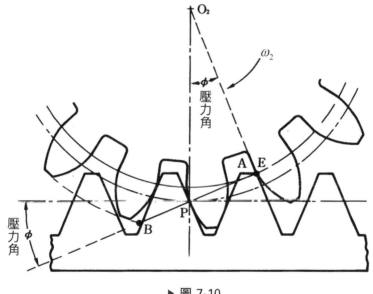

▶ 圖 7-10

　　若將齒條之齒冠由 a 增加到 a'（圖 7-11），則齒條之齒冠線與作用線之交點，將由 A 延伸到 A'，已經超出了 E 點的右側，而此時齒輪若順時鐘旋轉，帶動齒條向左時，齒條和齒輪的齒形，將產生重疊的情形，換言之齒輪和齒條將無法運轉，因此稱為齒輪的干涉，若以 7-13 節中將要敘述的滾齒法來切削齒輪成形時，干涉現象將使齒輪產生過切，如此一來將使齒輪強度減弱。另外，值得注意的是，由於作用線與齒條基圓的切點在無限遠處，因此小齒輪的齒冠加長，並不會產生干涉之現象，這可從圖 7-11 之 B 點及 B' 點的相關位置看得出來。

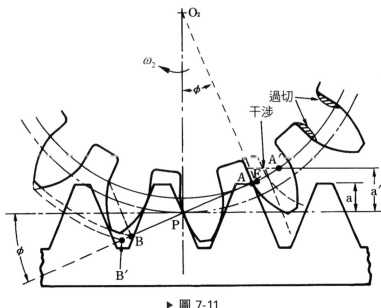

▶ 圖 7-11

7-9 干涉的檢驗

利用圖 7-9 所示的方法，可以迅速地判斷任何一對齒輪相嚙合是否會產生干涉，只要 A、B 點落在 E 和 F 的外側，就會有干涉發生。

上一節中也提到，如果一個小齒輪和齒條不會產生干涉，則此小齒輪和同一系列的任何齒輪，均不會產生干涉。反過來說，如果我們能決定和齒條嚙合時，剛好要產生干涉的臨界齒數，則任何比臨界齒數大的齒輪隨意搭配使用，必然不會產生干涉。

此臨界齒數，可用圖 7-12 來計算。

由 ΔPO_2A

$$\sin\phi = \frac{\overline{AP}}{R} \quad 其中 R 為齒輪之節圓半徑 \quad \therefore \overline{AP} = R\sin\phi$$

$$另外 \quad \sin\phi = \frac{a}{AP} \quad 其中 a 為齒冠 \quad \therefore \overline{AP} = \frac{a}{\sin\phi}$$

$$\therefore R\sin\phi = \frac{a}{\sin\phi}$$

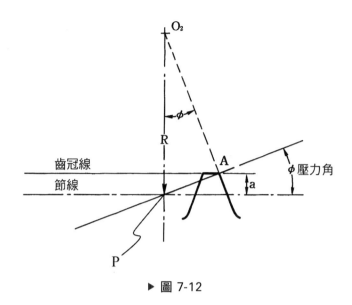

▶ 圖 7-12

因此可得到

$$\sin^2 \phi = \frac{a}{R}$$

對同一系列之齒輪，齒冠大小為定值，且可表為模數 m 之倍數，即 $a = km$

又因為

$$m = \frac{D}{T} = \frac{2R}{T}$$

所以可得到

$$\sin^2 \phi = \frac{2k}{T} \qquad\qquad (7\text{-}5)$$

因此臨界齒數 $T = \dfrac{2k}{\sin^2 \phi}$，對各種的標準齒輪系，其 k 值與臨界齒數列於表 7-1。

7-5 式，得到與齒條嚙合時不發生干涉的最小齒數，如果得到的數值 T 不是整數，則當取大於 T 的最小整數。如果是要計算與一已知齒輪嚙合時，不會產生干涉的最小齒輪，則必須利用作圖法，現以圖 7-13 說明之。

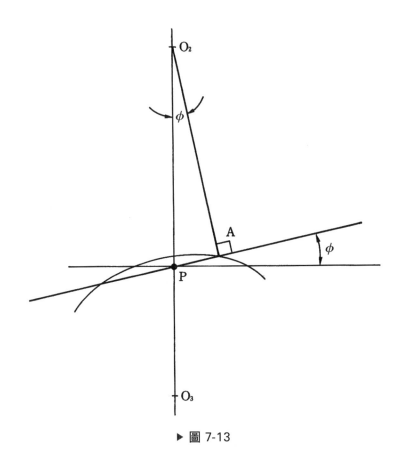

▶ 圖 7-13

在圖 7-13 中，$\overline{O_3P}$ 代表已知齒輪之節圓半徑，$\overline{O_3A}$ 為齒冠圓半徑，ϕ 為壓力角，則不會產生干涉之最小齒輪，其節圓半徑應為 $\overline{O_2P}$，而 O_2 是由 A 點畫作用線的垂直線與 $\overline{O_3P}$ 的交點求得。任何齒輪之節圓半徑比 $\overline{O_2P}$ 大的，都不會產生干涉。從圖可知不產生干涉之最小節圓半徑 $\overline{O_2P}$ 可用下式計算

$$\overline{O_2P} = \frac{\overline{AP}}{\sin\phi} \tag{7-6}$$

7-10　標準可互換齒輪

　　能夠互相嚙合的齒輪，除了必須滿足齒輪基本定則之外，齒輪必須有相等的周節、模數、徑節、壓力角、齒冠與齒根，而且齒厚必須是周節的一半長度。

　　為了使得齒輪有互換性，美國齒輪製造學會，規定了四種常用的漸開線齒型的比例，作為標準齒輪系統，見表 7-1，在此四種標準齒系中，齒冠、齒根均以模

數 m 來表示，一般常用的模數包括 1/2, 1, 1 1/2, 3, 3 1/2, 4, 4 1/2, 5, 5 1/2, 6, 6 1/2, 7, 8, 9, 10, 11, 12, 13, 14, 15, 16, 18, 19, 20, 25, 30, 35, 40, 45, 50 等。

在這四種齒輪當中，25° 全深齒系及 20° 全深齒系，廣為工業界所採用，而 20° 短齒及 14 1/2° 全深齒系，已逐漸不被使用。

25° 全深齒由於壓力角較大，對一已知周節而言，會有較寬大的齒基部，而使得此一系列之齒軸能抵抗較大的力矩，同時此一系列之齒輪較不易產生干涉，這可由表 7-1 中 25° 之全深齒，有較小之臨界齒數看得出來。

表 7-1 （m 為模數）

	14 1/2° 全深齒	20° 全深齒	25° 全深齒	20° 齒短
齒 冠	1.000 m	1.000 m	1.000 m	0.800 m
齒 根	1.157 m	1.250 m	1.250 m	1.000 m
餘 隙	0.157 m	0.250 m	0.250 m	0.200 m
臨界齒數	32	18	12	14

與 25° 全深齒相比較，20° 全深齒有較小的壓力角，因此可有較長的接觸路徑，換言之接觸比將會比 25° 全深齒系列大，因此運轉噪音較低。同時因為壓力角低，對傳遞相同扭力的齒輪組而言，齒輪接觸點的法向力較低，軸承的負荷相對地也會減小。

7-11 漸開線內齒輪

內齒輪或稱為環齒輪，是一種在內側切齒的齒輪，內齒輪的基本理論與外齒輪相同，圖 7-14 說明一漸開線內齒輪與小齒輪作用之情形，這兩者的配合，通常是由小齒輪帶動內齒輪。與外齒輪相嚙合不同的是，齒輪的接觸點必須位於作用線與齒輪基圓之切點 E、F 以外，才不會產生干涉現象，實際上由於內齒輪的齒冠較小，因此並不容易產生像外齒輪一樣的干涉情形，也就是內齒輪的齒冠不會伸入到小齒輪的基圓內側，反倒是容易產生所謂的**次干涉**(Secondary Interference)。

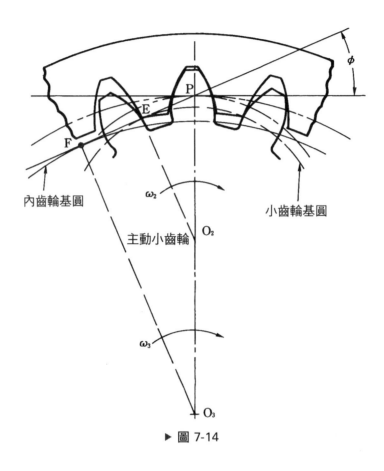

▶ 圖 7-14

　　在外齒輪彼此配合的時候，干涉的產生原因是大小齒輪的齒數相差太多，因此造成大齒輪的齒伸入小齒輪的基圓內而造成的干涉，但是內齒輪與小齒輪搭配卻不會產生這種干涉，內齒輪與小齒輪所產生的干涉是因為小齒輪太大，因而在開始接觸之前或者接觸完畢離開時，碰觸到內齒輪尖端所產生的阻礙現象，如圖 7-15 所示。這種內齒輪特有的干涉現象稱之為次干涉。

　　使用小齒輪驅動內齒輪的主要優點在於節省空間，而且因為內齒輪的齒腹均有漸開線，無干涉點之限制所以接觸路徑較長，除此之外，接觸時有較低的滑動速度等都是其優點。

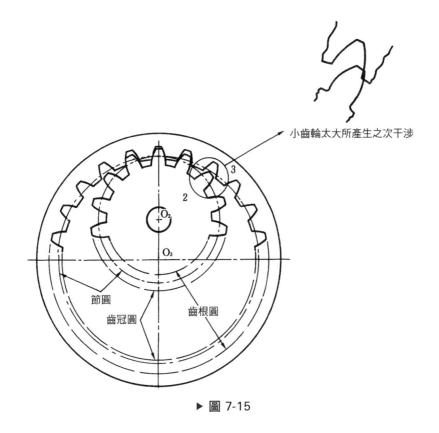

小齒輪太大所產生之次干涉

節圓

齒冠圓　　　　齒根圓

▶ 圖 7-15

7-12　漸開線齒輪的優點

　　漸開線齒輪的最大優點在其製造上較其他型式的齒輪經濟容易。另一重要的優點是即使中心距改變了，角速度比仍然維持不變。這可利用圖 7-16 中的三角形相似得到證明。

　　假設齒輪之中心點原來在 O_2 和 O_3，此時其節點在 P，而作用線與基圓的切點分別在 E 和 F 點，當下方的齒輪中心點由 O_3 移到 O_3' 時，此時節點由 P 移到 P'，而作用線與基圓的切點也變成 E' 及 F'，因為基圓半徑是齒輪的特性，所以並不會隨著中心距改變而有不同，因此 $\overline{O_3F} = \overline{O_3'F'}$ 而且 $\overline{O_2E} = \overline{O_2E'}$。

　　因為 $\Delta O_2PE \sim \Delta O_3PF$ 我們可以得到　　　$\dfrac{\overline{O_2P}}{\overline{O_3P}} = \dfrac{\overline{O_2E}}{\overline{O_3F}}$

　　同理 $\Delta O_2P'E' \sim \Delta O_3P'F'$ 所以有　　　$\dfrac{\overline{O_2P'}}{\overline{O_3'P'}} = \dfrac{\overline{O_2E'}}{\overline{O_3'F'}}$

綜合上面的結果，可以得到　　$\dfrac{\overline{O_2P}}{\overline{O_3P}}=\dfrac{\overline{O_2P'}}{\overline{O_3'P'}}$

中心距未改變前，角速度比為　　$\dfrac{\omega_3}{\omega_2}=\dfrac{\overline{O_2P}}{\overline{O_3P}}$

而中心距改變之後，角速度比變為　　$\dfrac{\omega_3'}{\omega_2'}=\dfrac{\overline{O_2P'}}{\overline{O_3'P'}}$

所以我們可以得到　　$\dfrac{\omega_3}{\omega_2}=\dfrac{\omega_3'}{\omega_2'}$

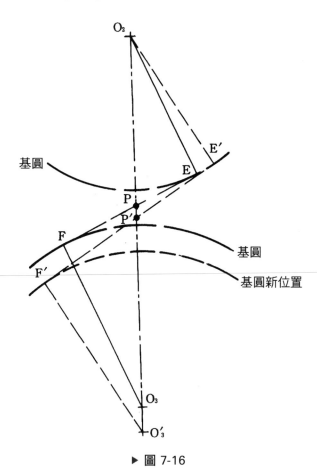

▶ 圖 7-16

7-13　擺線齒輪

　　另一種為人所使用的齒廓線為擺線，比起漸開線齒輪，擺線齒輪有許多缺點，但因它有漸開線齒輪所沒有的特點，所以在鐘錶及特定儀器上仍被廣泛使用。

　　當圓在平面上滾動時，圓周上的任一點所畫出的軌跡稱為擺線，但若圓在外凸之曲面上滾動則繪出了軌跡稱為外擺線，而圓在內凹之曲面上滾動繪出的軌跡就形成了內擺線。擺線齒輪的齒廓線就是由外擺線和內擺線一起構成的。如圖 7-17 所示。當節圓外的圓延著節圓的曲面滾動時，圓上 A 點的軌跡就形成了外擺線，也就是齒輪上端的輪廓，而當下方的圓滾動時，所形成的內擺線軌跡就形成了齒腹的輪廓。

　　擺線齒輪運轉時，雖然齒形接觸點的法線不論在任何接觸位置均通過節點，因此滿足齒輪的傳動基本定律，但是作用線卻不再是一條直線，所以壓力角在每個位置均不相同。如圖 7-18 所示，當接觸點由 A 向 P 點移動時，壓力角逐漸變小，在 P 點時壓力角為零，由 P 向 B 移動時，壓力角逐漸增加。

　　擺線齒輪的缺點正是漸開線齒輪的優點，擺線齒輪的製造較困難，同時只有放在正確的中心距時，才能產生正確的角速度比。而擺線齒輪的特點是不容易產生干涉，可以使用齒數很小的小齒輪（6 或 7 齒），以產生極大的減速比。而且擺線齒輪齒與齒之間的滑動較漸開線齒輪慢，因此磨損較小。

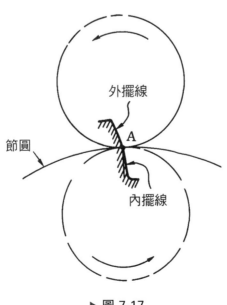

▶ 圖 7-17

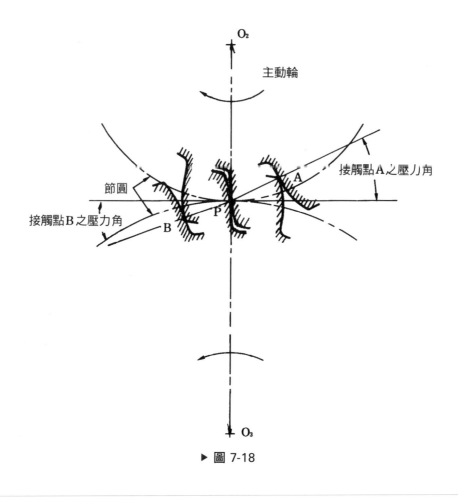

▶ 圖 7-18

7-14 齒輪製造方法

　　齒輪製造之方法常用者，有鑄造法、衝製法和切削加工法。對於低速運轉且暴露於灰塵中之齒輪可用鑄造法製造，此種齒輪使用時效率甚低，對於輕負荷之金屬齒輪可用壓鑄法或者精密鑄造來改善其品質，但只適用於低熔點金屬之齒輪製造。至於鐘錶等精密儀器所使用之小齒輪則可使用衝模衝製，其精密度甚高，但不適於傳遞動力。至於工業上所使用的齒輪一般均用切削加工製造。銑刀切削是利用具有正確齒廓外形的銑刀來切削齒輪如圖 7-19 所示。當銑刀切削完一齒之後，用分度盤旋轉

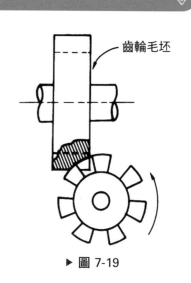

齒輪毛坯

▶ 圖 7-19

齒輪毛胚，再進行下一齒的切削，至所有的齒均切削完畢為止，此種切削方式所製造的齒輪一般而言無法得到精密的齒形，故此法製造出來的齒輪適用於低速運轉。

第二種常用的切削法稱為**齒輪創生法**，可使用一個具有完全齒輪外形的齒輪刨刀，將另一個齒輪毛坯切成齒輪，如圖 7-20 所示的。由於兩個齒輪嚙合時，彼此具有共軛齒形，所以當齒輪切削完成時，它的齒廓必定與齒輪刨刀具有共軛外形。這種齒輪創生法可使用范勞刨齒機，將齒輪刨刀和齒輪毛坯以反向而相等的節圓切線速度旋轉，同時刨刀也作上下之往復運動，當二者旋轉時，刨刀能自動的進給到適當的切削深度，而當切削一次完成後，刨刀上升到原來位置，並準備下降作下一次的刨切行程，如此往復刨削，而完成齒輪的切削。

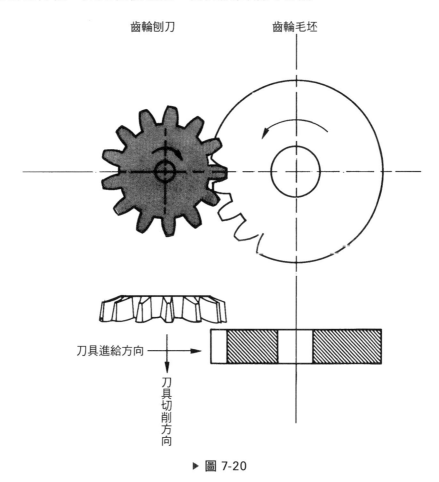

▶ 圖 7-20

7-15 螺旋齒輪

當我們將兩個以上的齒輪，緊密連結一起使用，而彼此之間相差一個小角度時，就構成了所謂的階梯齒輪，如圖 7-21 所示。階梯齒輪嚙合時接觸面積較一般正齒輪大，因此降低了衝擊力，運轉時較安靜無聲。

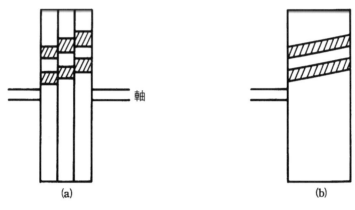

(a)　　　　　　　　　　　　　(b)

▶ 圖 7-21

若將階梯之級數變成無限多時，就構成了螺旋齒輪，根據傳遞動力時軸的相對位置，又可分為(1)平行螺旋齒輪，因為兩個齒輪的中心軸互相平行。和(2)交叉螺旋齒輪，用以傳遞非平行軸之間的動力。

正齒輪之間的接觸線平行於齒輪軸，且橫越整個齒面，而螺旋齒輪的接觸是由齒的一端開始，如圖 7-22 所示，接觸線逐漸由端點移到 aa 線再移到 bb 線如此傳遞。

螺旋齒輪齒紋的傾斜方向，稱為**齒輪的旋向**。將齒輪水平放置，軸向垂直地面，由水平之方向平視，若齒紋之走向為右上左下，則稱此齒輪為右旋，若齒紋為左上右下則稱之為左旋。而齒紋線與軸線之夾角 ϕ 稱為**螺旋角**，如圖 7-23 所示。

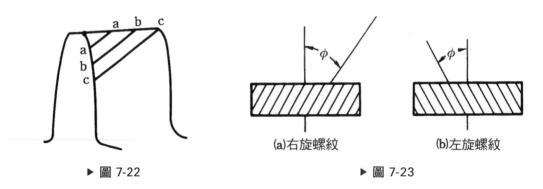

▶ 圖 7-22　　　　　　　　　　　▶ 圖 7-23

螺旋齒輪在旋轉面上的周節，模數和徑節等定義與正齒輪完全相同，即

$$p = \frac{\pi D}{T} \text{，} m = \frac{D}{T} \text{和} P_d = \frac{T}{D}$$

為了保證齒輪囓合運轉時，有兩對以上的齒同時互相接觸，從軸線方向來看大於周節 p，如圖 7-24。如果齒的前進量與周節恰好相等，則齒面寬 F 與周節 p 應有如下的關係式

$$F \tan\phi = p$$

但為了產生齒的重疊，美國齒輪製造學會規定最小的齒面寬至少必須增加15%，所以面寬與周節應有下列之關係

$$F \tan\phi > 1.15p$$

當兩個旋向相反而螺旋角相同的螺旋齒輪囓合時，此時兩齒輪軸彼此平行，稱為平行螺旋齒輪，如果兩齒輪之旋向相反，但螺旋角不同，兩個齒輪軸的夾角為螺旋角之差，但如果旋向相同，則軸之間的夾角為兩個螺旋角之和，此種齒輪軸不平行之應用稱為**交叉螺旋齒輪**，如圖 7-25 所示。

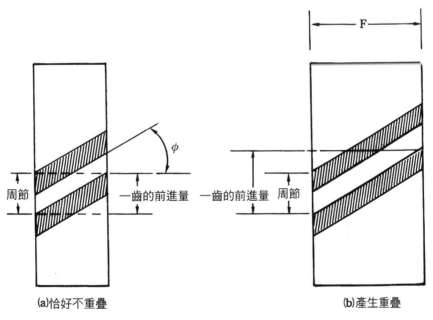

▶ 圖 7-24

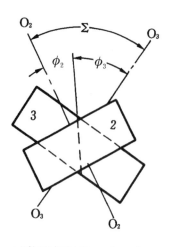
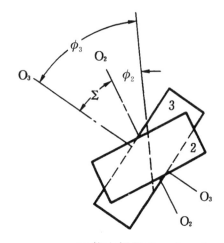

(a) 旋向相同 $\Sigma = \phi_2 + \phi_3$ (b) 旋向相反 $\Sigma = \phi_3 - \phi_2$

▶ 圖 7-25

7-16 蝸輪與蝸桿

蝸桿與蝸輪，是提供兩個呈 90° 軸的高減速比，如圖 7-26 所示。蝸輪的構造與螺旋齒輪相類似，但是為了配合蝸桿的曲率，所以蝸輪的齒面內凹，與一般齒輪之齒面不同。

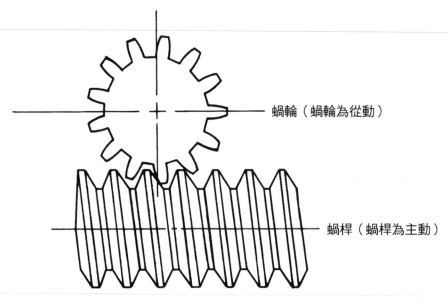

蝸輪（蝸輪為從動）

蝸桿（蝸桿為主動）

▶ 圖 7-26

　　常用的蝸桿有三種：**(a)單螺紋蝸桿(b)雙螺紋蝸桿(c)三螺紋蝸桿**。蝸桿的軸向節距 p，是由齒廓上的某點，量至鄰近螺旋上同一點的軸向距離，而導程 1 表示螺桿轉一圈時，螺旋在軸向前進的距離，所以導程恰等於蝸桿的螺紋數乘以節距，所以導程 $L = T_\omega \cdot p$，且 T_ω 代表蝸桿之螺紋數。

　　蝸輪的周節，可以用以下的式子計算。

$$P_g = \frac{\pi D_g}{T_g}$$

　　其中 D_g 表示蝸輪節圓直徑，T_g 表示蝸輪齒數，而 P_g 代表蝸輪之周節。又蝸桿與蝸輪嚙合時，蝸桿的節距 p 必須和蝸輪之周節 P_g 相等。所以有

$$L = T_\omega \cdot p = T_\omega \cdot p_g = T_\omega \cdot \frac{\pi D_g}{T_g}$$

　　單線蝸桿（主動）轉一圈時，帶動蝸輪（從動）前進一個導程，即

$$\frac{蝸輪的轉速}{蝸桿的轉速} = \frac{蝸桿的螺線數}{蝸輪的齒數} \tag{7-7}$$

習題七

1. 某一囓合的正齒輪對，有 22 及 32 齒，徑節為 8，小齒輪以 1,200 週／分旋轉（即 1200 rpm）。試求下列(a)節直徑、(b)中心距、(c)周節、(d)以每分鐘呎表示線速度，及(e)大齒輪每分的轉速。

2. 一對囓合的正齒輪徑節為 10，中心線長 2.8 英寸，及速度比為 1.8，試求大、小齒輪的齒數。

3. 一個 20° 全深齒的漸開線正齒輪，齒數為 48，外徑為 225 mm 求其模數及周節。

4. 一對正齒輪之齒數為 36 及 18，若模數為 15，齒冠為 15 mm，壓力角為14.5°，以圖解法計算接觸比。

5. 一對交叉螺旋齒輪囓合，兩軸呈45°角，若二齒輪均為右旋，其中較小之齒輪齒數 36，螺旋角20°，而另一齒輪齒數為 48，求(a)大齒輪之螺旋角、(b)中心距離。

6. 一對正齒輪之齒數分別為 16 及 18，模數為 13，如果齒冠為 13 mm，而壓力角為 14.5°，證明這對齒輪有干涉產生，並以圖解法求出欲消除干涉時，齒冠必須減少的量。

7. 若蝸桿與蝸輪之減速比為 15 比 1。而三線蝸桿之導程角為 20°，軸向節距為 0.4 in，試求出蝸輪之(a)齒數、(b)節圓直徑、(c)蝸桿節圓直徑。

8. 一個 200 齒的內齒輪與一個 40 齒的齒輪囓合（兩齒輪內接），若模數為 2.5，而小齒輪轉速為 160 rpm，求(a)內齒輪之轉速、(b)中心距。

9. 一個 20°全深齒漸開線正齒輪之最大外徑為 208 mm，若模數為 6.5，求齒數。

CHAPTER 08

齒輪系

本章綱要

MECHANISMS

8-1 齒輪系分類

使用齒輪傳送動力時，往往需要兩個或更多個齒輪彼此嚙合一起工作，這樣一組彼此嚙合的齒輪，稱之為**齒輪系**。

當齒輪彼此嚙合運動時，在節點上必須有相同的速度，所以上一章中，我們得到

$$\frac{\omega_A}{\omega_B} = \frac{R_B}{R_A} \tag{8-1}$$

其中 ω_A 及 ω_B 代表 A 齒輪和 B 齒輪之轉動角速度，而 R_A 和 R_B 則分別代表 A 齒輪和 B 齒輪之節圓半徑。因為能夠彼此嚙合的齒輪，具有相同的周節 p_c，所以 8-1 式可作下面的推導

$$\frac{\omega_A}{\omega_B} = \frac{R_B}{R_A} = \frac{R_B \times 2\pi / p_c}{R_A \times 2\pi / p_c} = \frac{T_B}{T_A} \tag{8-2}$$

也就是說齒輪的轉速和齒數成反比。這個公式是我們在分析齒輪系時最重要的觀念。接下來的章節，我們就要用這個公式來分析齒輪系傳動時速度比 (VR)。

8-2 簡單齒輪系(Simple Gear Train)

簡單齒輪系，是結構最簡單的齒輪組合，如圖 8-1 所示，齒輪 A 帶動齒輪 B，齒輪 B 再帶動齒輪 C，且一個軸上只有一個齒輪，圖 8-1 僅繪出齒輪之節圓來表示傳動之情形。

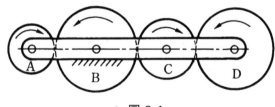

▶ 圖 8-1

齒輪系的速度比定義，輸入齒輪及輸出齒輪的旋轉速度比，

$$VR = \frac{\omega_A}{\omega_D} = \frac{\omega_A}{\omega_B} \times \frac{\omega_B}{\omega_C} \times \frac{\omega_C}{\omega_D} \tag{8-3}$$

若將 8-2 式代入上式，則可得到速度比 VR

$$VR = \frac{T_B}{T_A} \times \frac{T_C}{T_B} \times \frac{T_D}{T_C} \tag{8-4}$$

從上面的式子中，僅能得知齒輪系的輸入轉速 ω_A 和輸出轉速 ω_B 之比值，至於旋轉方向如何，從式 8-3 及 8-4 中無法得知，必須從圖 8-1 中所繪的箭頭方向來判定，為了彌補這項缺點，經常在 8-4 式速度比的公式中加入負號，來代表兩個彼此囓合的齒輪，其旋轉方向是相反的，因此公式就變為

$$VR = \left(\frac{\omega_A}{\omega_B}\right) \times \left(\frac{\omega_B}{\omega_C}\right) \times \left(\frac{\omega_C}{\omega_D}\right)$$
$$= \left(-\frac{T_B}{T_A}\right)\left(-\frac{T_C}{T_B}\right)\left(-\frac{T_D}{T_C}\right) = -\frac{T_D}{T_A} \tag{8-5}$$

從 8-5 式中，我們可以看出，速度比的大小其實只與最末和最初的齒輪齒數有關，而中間的齒輪對速度大小並沒有影響，只改變了最後轉動的方向，因此之故，齒輪 B 及 C 被稱之為**惰輪**。

此外，輪系值 e，可得下列方程式：

$$e = \frac{末輪相對轉速}{首輪相對轉速} = \frac{末輪絕對轉速 - 旋臂轉速}{首輪絕對轉速 - 旋臂轉速} = \pm\frac{各主動輪齒數之乘積}{各從動輪齒數之乘積} \tag{8-6}$$

8-3　複式齒輪系

一對齒輪如果具有相同的軸且結為一體一起轉動，就稱**複合齒輪**。齒輪系中若使用到複合齒輪，則此齒輪系被稱為**複式齒輪系**。複式齒輪系分析的方法和簡單齒輪系相同，仿效 8-5 式的寫法，則圖 8-2 的複式齒輪系之速度比 VR 為

$$VR = \left(\frac{\omega_A}{\omega_B}\right)\left(\frac{\omega_B}{\omega_C}\right)\left(\frac{\omega_C}{\omega_D}\right)\left(\frac{\omega_D}{\omega_E}\right)\left(\frac{\omega_E}{\omega_F}\right) \tag{8-7}$$

因為 BC 齒輪為複合齒輪，所以 $\omega_B = \omega_C$，同理 $\omega_D = \omega_E$，因此 8-6 可化簡為下式

$$VR = \left(-\frac{T_B}{T_A}\right)\left(-\frac{T_D}{T_C}\right)\left(-\frac{T_F}{T_E}\right)$$

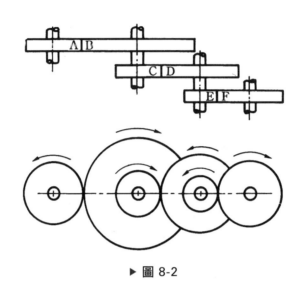

▶ 圖 8-2

8-4　回歸齒輪系

　　圖 8-3 的齒輪系複式齒輪系的一類，因為結構特殊，所以有一個特別的名稱，稱為回歸齒輪系，其中 B 與 C 為複合齒輪，繞著同軸以相同的速度旋轉，而 A 與 D 的軸也在同一線上，因此在設計回歸齒輪系時，除了要滿足輸入輸出之速度比要求外，尚且必滿足 $R_A + R_B = R_C + R_D$ 之條件，依據我們的習慣，R 代表齒輪之節圓半徑。若將此式之左右兩邊同乘 2π 再同除以周節 p_c，則可得到下式

$$T_A + T_B = T_C + T_D \qquad (8\text{-}8)$$

　　我們現在就用一個例題來說明回歸齒輪系的設計。

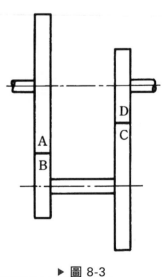

▶ 圖 8-3

📖 例題 8-1

圖 8-3 中，假如齒輪 A 為輸入，而齒輪 D 為輸出，我們希望速度比為 12，求 A、B、C、D 之齒數應為若干。

🔧 解

根據 8-7 式可得到

$$12 = \frac{T_B}{T_A} \times \frac{T_D}{T_C}$$

現在我們必須假定一種可能的情況，如果

$$\frac{T_B}{T_A} = 3 \quad , \quad \frac{T_D}{T_C} = 4 \tag{8-9}$$

則我們可以得到需要的速度比。

將此關係代入 8-8 式中，可得到

$$4T_A = 5T_C \tag{8-10}$$

因此如果使用 $T_C = 12$，則 $T_A = 15$，而從 8-9 式中可計算出 $T_B = 45$，$T_D = 48$。當然這只是能夠達到速度比為 12 的一種可能性而已，如果有其他設計上的限制，則可調整 8-9 式或者依據 8-10 式調整齒輪的齒數，來獲得不同的設計。

複式齒輪系的優點在於可使用小齒輪獲得大的減速比，一般而言當減速比超過 7 時，就必須使用複式齒輪系，而不使用簡單輪系。汽車變速箱，車床的後列齒輪都是複式齒輪系中回歸輪系的應用。

8-5　周轉齒輪系

周轉齒輪系是一種非常奇特的齒輪系，因為除了齒輪繞著本身的軸旋轉之外，周轉齒輪系中還會有一個或多個齒輪，他們的軸還繞著機件上的一固定點迴轉運動，正如行星除了自轉外，尚繞著恆星公轉一般，因此之故，周轉齒輪系又被稱為**行星齒輪系**，可以使用(8-6)式計算。

在分析周轉齒輪系之前,先讓我們了解旋轉的定義。如圖 8-4 所示,當圓盤順時鐘方向由第一個位置移到第二個位置,再依序移到第三個位置和第四個位置,最後回到起始的第一個位置,這其間若圓盤上的箭頭方向一直指著同方向並未發生改變,則此圓盤的運動被稱為移動,並沒有旋轉。但是如果我們將圓盤固定在一旋臂上,當旋臂旋轉時,圓盤上的箭頭也會跟著旋轉,如圖 8-5 所示,因此當旋臂轉一圈回到起始點時,箭頭相對於圓盤之中心也轉了一圈,此時我們說圓盤除了移動之外也旋轉了一圈。如果我們允許圓盤在旋臂上轉動,且當旋臂以順時針方向旋轉時,箭頭相對於圓盤中心依逆時針方向旋轉,且二者雖然旋轉方向相反,但角速度相同,則此時之情形將如圖 8-4 所示,圓盤上的箭頭方向將維持固定不變。

換言之在這種情形之下,旋臂旋轉了一圈而圓盤卻不旋轉。欲分析圓盤的轉動,我們可作如下的分解,首先讓圓盤固定在旋臂上,所以當旋臂順時鐘方向旋轉一周時,圓盤亦發生了順時鐘方向旋轉一周之事實,接著讓旋臂固定不旋轉,而圓盤逆時鐘方向旋轉一周,這時因圓盤先後順不同的方向各旋轉了一周,所以圓盤的總效應是只有移動而沒有轉動,但是旋臂卻轉了一周,這種結果和圖 8-4 是相同的,我們就是要利用這種分解的方法來分析周轉齒輪的運動,這種方法稱為**疊合法**。

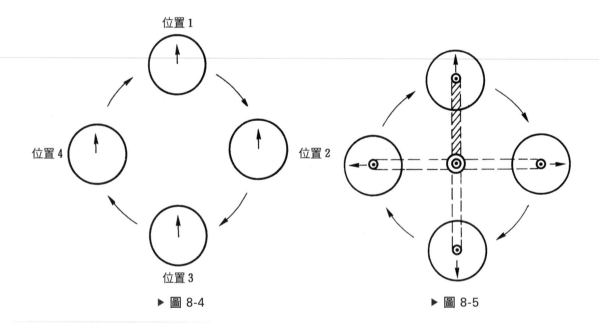

▶ 圖 8-4　　　　　　　　　　　　　　　　　　▶ 圖 8-5

例題 8-2

考慮圖 8-6 所示之周轉齒輪系的轉動情形。B 齒輪為固定不動，而旋臂轉動時帶動 A 齒輪移動，但因 A 齒輪與 B 齒輪嚙合，所以旋臂旋轉時，A 齒輪會被轉動。

解

在分析時，先假設 A 齒輪與 B 齒輪是固定在旋臂上與臂同時轉動，所以旋轉逆時鐘轉一圈時，A 齒輪與 B 齒輪也各旋轉了一圈。但實際上 B 齒輪是固定不轉動的，所以使用疊合法來分析時，必須讓 B 齒輪反向旋轉回來，因此

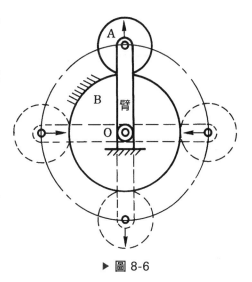

▶ 圖 8-6

如果旋臂固定不動而讓 AB 齒輪可旋轉，則 A、B 齒輪只是一組簡單輪系，當 B 順時鐘方向轉一圈，相對的 A 齒輪就旋轉了 $\dfrac{T_B}{T_A}$ 圈，依據這個結果，我們可建立表 8-1，第一列是代表 A、B 齒輪與臂之間彼此固定，而無相對運動，第二列則是為了符合實際情況所作的 A、B 齒輪的旋轉，其中負號代表順時鐘旋轉，而第三列則是總和之結果，這結果說明了當旋臂旋轉一圈時，A 齒輪會同向旋轉 $1+\dfrac{T_B}{T_A}$ 圈。

表 8-1 （T 為齒數）

元件	臂	A	B
輪系固定，旋臂正轉一圈	+1	+1	+1
旋臂固定，B 負轉一圈	0	$+(T_B/T_A)$	−1
總計圈數	+1	$1+T_B/T_A$	0

例題 8-3

圖 8-7 中 A 齒輪銷接於主動軸上，C 齒輪為固定不動之內齒輪，而 B 齒輪介於 A、C 之間，連接旋臂帶動從動軸旋轉，求輸入輸出之轉速比。

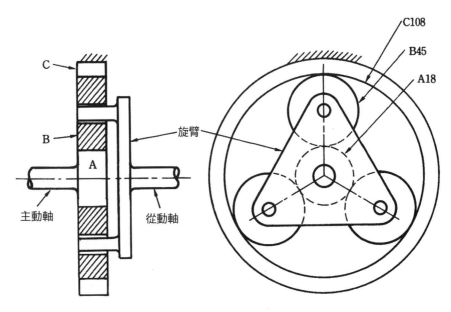

▶ 圖 8-7

解

同樣地我們可繪出表 8-2，在第一列中表示疊合法中的第一步，所有的齒輪都隨著旋臂旋轉一圈，之後為了符合 C 齒輪不旋轉的事實在第二列中將旋臂固定不動，而 C 齒輪反向旋轉一圈，使得 C 齒輪的總合效應是不旋轉，此時因考慮 A、B 與 C 是簡單輪系，所以 B 的轉數為 $-\dfrac{108}{45}$，而 A 的轉數則為 $\dfrac{108}{45} \times \dfrac{45}{18}$，其中「＋」號表示與旋臂之轉向相同，而「－」號表示相反的轉向，所以轉速比為 A 齒輪之轉速除以旋臂之轉速，其值得到 7。

表 8-2

元件	臂桿	A	B	C
輪系固定旋臂桿正轉一圈	+1	+1	+1	+1
旋臂桿固定齒輪 C 負轉一圈	0	+(108 / 45 × 45 / 18)	−108 / 45	−1
總計圈數	+1	+7	−7 / 5	0

📖 **例題 8-4**

　　圖 8-8 的齒輪系結合了周轉齒輪系和回歸齒輪系，結構相當複雜。其中齒輪 *A* 為輸入，*A* 轉動時帶動了複合齒輪 *B* 和 *D*，而內齒輪 *C* 是固定不轉動的，同時複合齒輪又與齒輪 *E* 嚙合連到輸出軸。在此例中，旋臂不只提供作為支撐之作用，同時它也跟著旋轉。雖然結構如此複雜，分析的方法仍然相同，我們可以按前面的方法建立表 8-3。

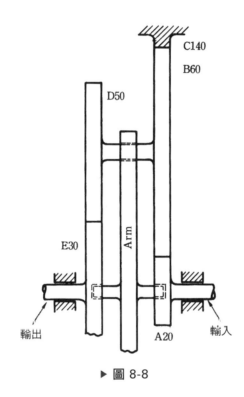

▶ 圖 8-8

表 8-3

元件	臂桿	*A*	*B*	*C*	*D*	*E*
輪系固定，旋臂桿正轉一圈	+1	+1	+1	+1	+1	+1
旋臂桿固定，齒輪 *C* 負轉一圈	0	$+(140/60 \times 60/20)$	$-140/60$	-1	$-140/60$	$(140/60 \times 50/30)$
總計圈數	+1	+8	$-4/3$	0	$-4/3$	$44/9$

✎ 解

首先所有齒輪連同旋臂一起旋轉，其結果列在第一列。

接著考慮齒輪相對於旋臂的旋轉，這時假設旋臂是固定不變旋轉的，所以 A、B、C 是一組簡單輪系，而 D、E 是另一組簡單輪系，只是 D 與 E 具有相同的轉速，所以當 C 齒輪旋轉負一圈時，各輪之轉速列於第二列，而從最底下的一列可知道輸入轉速為 8 轉時，輸出轉速為 $\frac{44}{9}$ 轉，因此轉速比為 $\frac{18}{11}$。

8-6　雙輸入之周轉齒輪系

圖 8-9 所示，是一個有兩個輸入軸的周轉齒輪系，如果 n_1、n_2 和 n_0 分別代表輸入軸 1、輸入軸 2 和輸出軸的轉速，則三者之間有以下的關係

$$n_0 = n_1 \underbrace{\left(\frac{n_0}{n_1}\right)_{\substack{\text{輸入軸2}\\\text{保持固定}}}}_{\text{I}} + n_2 \underbrace{\left(\frac{n_0}{n_2}\right)_{\substack{\text{輸入軸1}\\\text{保持固定}}}}_{\text{II}} \tag{8-11}$$

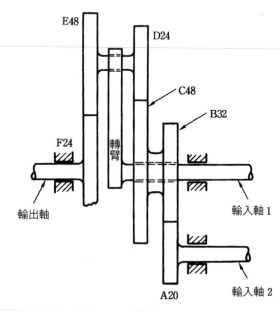

▶ 圖 8-9

■ **例題** 8-5

　　圖 8-9 之齒輪系若從右側視之則輸入軸 1 以 120 rpm 逆時鐘方向旋轉，而輸入軸 2 以 280 rpm 順時鐘方向旋轉。求輸出軸轉速。

✍ **解**

　　在計算 8-11 式之 I 項時，必須將輸入軸 2 以及 B、C 齒保持固定，此時依據上一節所敘述的方向，我們可建立表 8-4。

　　根據表 8-4 在輸入軸 2 及 BC 齒輪固定之下，轉臂正轉一圈時，輸出軸之下齒輪逆轉 3 圈，所以 8-12 式中之 $\frac{n_0}{n_1}$ 項其值為 –3。

■ **表** 8-4

元件	臂桿	C	D.E	F
輪系固定，旋臂正轉一圈	+1	+1	+1	+1
旋臂固定，齒輪 C 負轉一圈	0	+1	$+48/24$	$-(48/24 \times 48/24)$
總計圈數	+1	0	+3	–3

　　而在計算 8-11 式之 $\frac{n_0}{n_2}$ 項時，輸入軸 I 也應固定不動，此種情形下，就成為一個複式齒輪系，因此可用 8-7 式來分析

$$\left(\frac{n_0}{n_2}\right)_{\substack{\text{輸入軸1} \\ \text{保持固定}}} = \frac{1}{VR} = \left(-\frac{T_A}{T_B}\right)\left(-\frac{T_C}{T_D}\right)\left(-\frac{T_E}{T_F}\right)$$

$$= -\frac{20 \times 48 \times 48}{32 \times 24 \times 24} = -\frac{5}{2}$$

　　因此圖 8-9 之齒輪系運轉時，如果輸入軸 1 以 120 rpm 逆時鐘方向運轉，而輸入軸 2 以 280 rpm 順時鐘方向運轉，若以逆時鐘方向為正，則根據 8-11 式

$$n_0 = (120)(-3) + (-280)\left(-\frac{5}{2}\right) = 340$$

　　所以輸出軸的轉速為 340 rpm 逆時鐘方向旋轉。

8-7 斜齒輪周轉輪系

　　斜齒輪周轉輪系，如圖 8-10 所示，其優點在於可用較小的空間，較少的齒輪，獲得高減速比。分析的方法與 8-4 節相同，因為其轉向難以用正負號表示，較佳的方法，是在圖上繪箭頭，以表示旋轉之方向。

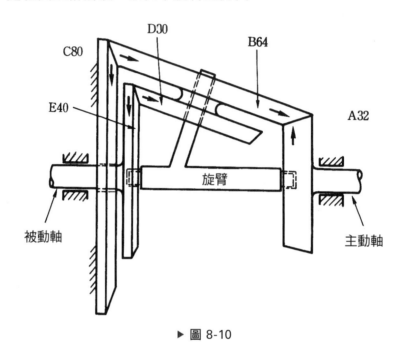

▶ 圖 8-10

　　表 8-5 是圖 8-10 所示的周轉輪系的分析總計結果，由圖中之箭頭可以看出 A 齒輪和 C 齒輪之旋向相反，而 E 齒輪和 C 齒輪之旋轉方向相同，但 B 齒輪和 D 齒輪因擺置位置特殊，轉向並無意義，故在表中並不列他們的轉速值。分析結果顯示速度比為 7/2 比 1/16 所以是 56。

表 8-5

元件	臂桿	A	B	C	D	E
輪系固定，旋臂桿正轉一圈	+1	+1	…	+1	…	+1
旋臂桿固定，齒輪 C 負轉一圈	0	+80/32	…	−1	…	$-(80/64 \times 30/40)$
總計圈數	+1	+7/2	…	0	…4/3	+1/16

8-8 斜齒輪差速器

汽車引擎的動力是經由傳動軸傳到後輪的,當汽車直行時,左右後輪的轉速相等,但當汽車右轉彎時,右輪的輪速必須較左輪之轉速低些,相反地,左轉彎時,左輪轉速必須低於右輪,如此才能順利轉彎,為了達到這種目的而設置的齒輪系稱為**差速器**。

圖 8-11 說明了差速器的動作原理,當 A 齒輪順時轉一圈時,B 齒輪與 C 齒輪分別向上和向下旋轉就產生了轉速的差異,但如果 A 齒輪不旋轉,則 BC 齒輪之間沒有轉速差,如圖 8-11(b)。汽車齒輪差速器就是利用這個原理,如圖 8-12,當汽車直行時,所有的齒輪都跟著環齒輪一起旋轉,A 齒輪並不繞著自己的中心軸旋轉,此時左輪軸和右輪軸之轉速相當。但是當汽車左轉時,左輪軸速度就會慢下來而右輪軸速度就會增加,因此造成 BC 齒輪之轉速差,這時齒輪的運轉情形就與圖 8-11(a)所示完全相同。

值得注意的是雖然轉彎時,左右輪的轉速會有不同,但是兩輪軸所受的力矩必須相等,如果一軸實際上沒有力矩,例如輪子在冰上,則另一軸將無法抵抗任何力矩,輪子就不會轉動,車子也就不會前進了。

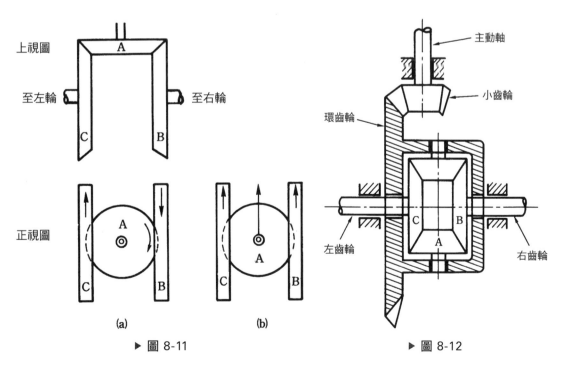

▶ 圖 8-11   ▶ 圖 8-12

習題八

1. 如圖 E-1 所示，試求齒輪系中 G 齒輪的轉速及轉向。

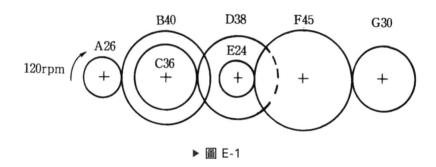

▶ 圖 E-1

2. 如圖 E-2 所示，若纜繩的速度為 0.8 公尺／秒，試求 D 輪的齒數，若從下圖右端觀之，A 軸之轉向為何？

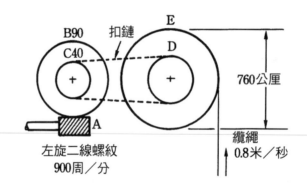

▶ 圖 E-2

3. 如圖 E-3 所示之回歸輪系中,若輸入輸出轉速比為 11:4,試求 A、B、C、D 齒輪不小於 24 齒之最小齒數。

4. 試求圖 E-4 所示之輸入輸出轉速比,若從右端觀之輸入軸以順時鐘方向旋轉,則輸出端的旋轉方向為何?

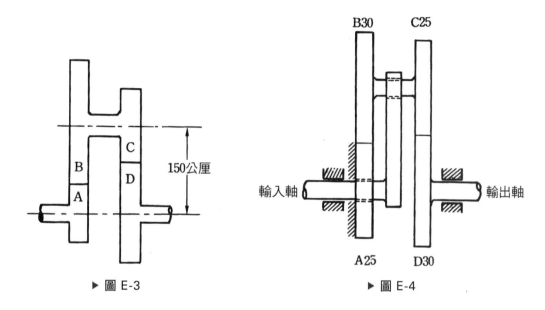

▶ 圖 E-3

▶ 圖 E-4

5. 圖 E-5 所示之行星齒輪系,由右端觀之,輸出軸之轉速與轉向為何?

6. 試求出圖 E-6 中 F 輪之轉速與轉向。

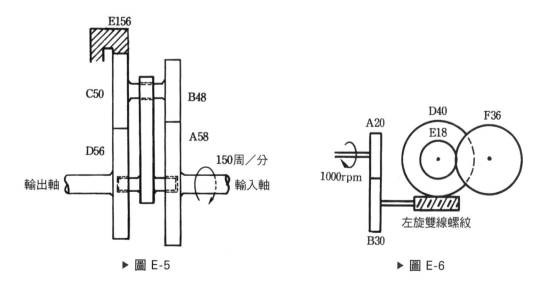

▶ 圖 E-5

▶ 圖 E-6

7. 如圖 E-7 所示，若輸入軸 1 以 120 rpm 逆時鐘方向旋轉（從右端觀之），而輸入軸 2 以 360 rpm 順時鐘方向旋轉，決定輸出軸之轉速及旋轉方向。

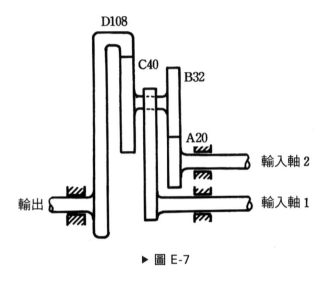

▶ 圖 E-7

CHAPTER 09

凸 輪

本章綱要

MECHANISMS

凸輪是一種具有曲線外緣的主動機械元件，當凸輪繞著固定軸旋轉或作來回的往復運動時，從動件便順著凸輪的曲線外緣運動，而產生特定的運動方式。由於凸輪的傳動方式簡單，又能使從動件產生各種所需的運動，所以經常被應用在工具機、印刷機、內燃機等不同型式的自動化機械上。

常見的凸輪，大約有三種型式：

1. **平板凸輪**：如圖 9-1 所示。凸輪以等速旋轉，而從動件則作往復運動。由於平板凸輪應用最普遍，所以本章以平板凸輪為探討重點。

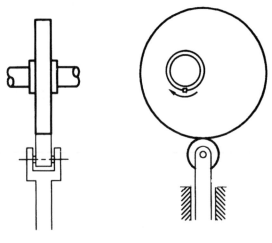

▶ 圖 9-1

2. **平移凸輪**：如圖 9-2 所示。凸輪作左右之往復運動，而從動件則作上下運動。

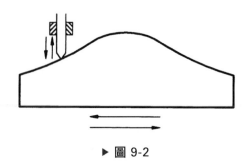

▶ 圖 9-2

3. **圓柱凸輪：**如圖 9-3 所示。從動件運動方向與凸輪相平行,凸輪旋轉時,從動
件往復運動。

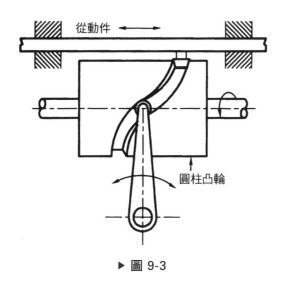

從動件

圓柱凸輪

▶ 圖 9-3

9-3 運動曲線與位移圖

　　因為從動件的位移是時間的函數,所以可以用時間當橫軸,位移當縱軸,將
位移以圖形表示出來,而所描繪出來的圖形,稱為**位移圖**。因為凸輪是以等速旋
轉,所以凸輪所旋轉的角度多寡,正代表了時間的長短,因此之故,位移圖的橫軸
又常用凸輪旋轉角來代替時間的刻畫,如圖 9-4 所示。在設計一個凸輪時,往往設
計者首先知道的,就是從動件的位移和時間的關係,設計者必須依此關係建立位移
圖,再根據位移圖決定出凸輪的輪廓。

　　由於位移圖為從動件的位移和時間
的圖形,而位移對時間的微分可得速
度,二次微分可得加速度,因此從位移
圖可得可速度圖和加速度圖,而加速度
對時間的導數稱為**急跳** (jerk) 或 **脈衝**
(pulse),這個值代表了從動件和凸輪之

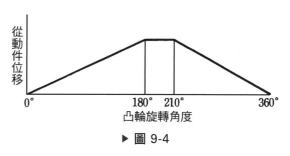

▶ 圖 9-4

間的作用力對時間的變化量,無限大的急跳,將導致振動、噪音、高壓力和磨損,
將大幅降低凸輪之壽命,這種現象對高速運轉的凸輪尤其明顯。因此不論是設計一
個新凸輪,或是分析一個已知的凸輪,位移圖都是相當重要的。

以下就是舉等加速度、改良的等速運動、簡諧運動和擺線運動等四種工程上常見的運動型式來說明位移圖、速度圖和加速度圖的繪製方法。

9-4 等加速度運動

當物體以等加速度運動時,從靜止開始運動的位移量和時間的關係,必須符合下式:

$$S = \frac{1}{2}At^2$$

其中 S：位移

A：等加速度

t：時間

對等加速度運動而言,A 是固定的大小,並不隨時間改變,所以物體的位移量和時間的平方成正比,此項關係列於表 9-1,而對依等加速度方式運動的從動件,其位移時間圖就是利用此一特性繪製。

表 9-1

t	0	1	2	3	4	5	6	……………
s	0	1	4	9	16	25	36	……………

一般而言,從動件在最低位置時,就令它為位移圖上時間和位移均為零的點,從這點開始,位移隨著時間增加,但在到達位移之最高點之後,從動件的位移必須隨著時間遞減而在完成一週期後,從動件必須回到原來的最低點。換言之,如果以凸輪旋轉角來說,在 $\theta = 0$ 和 $\theta = 2\pi$ 所代表正是凸輪的同一點也是位移的最低點。而在從動件之最高點時,從動件由向上運動改變為向下運動,因此最高點時之速度必須為零。而從動件由最低點開始,依等加速度方式運動,速度逐漸增大到了最高點速度必須回復為零,因此在上升的過程中,必有一減速度來配合,一般若選用等加速度運動方式來設計,就用等減速度來配合,現在就以例題來說明畫此動運動位移圖的方法。

例題 9-1

　　凸輪從 0° 旋轉到 90°，從動件以等加速度上升 2 公分，接下來的 90° 以等減速度再上升 2 公分。從 180° 到 210° 之間，從動件停滯不動，然後再以等加速度，配合等減速度，下降至原來位置。

位移（mm）

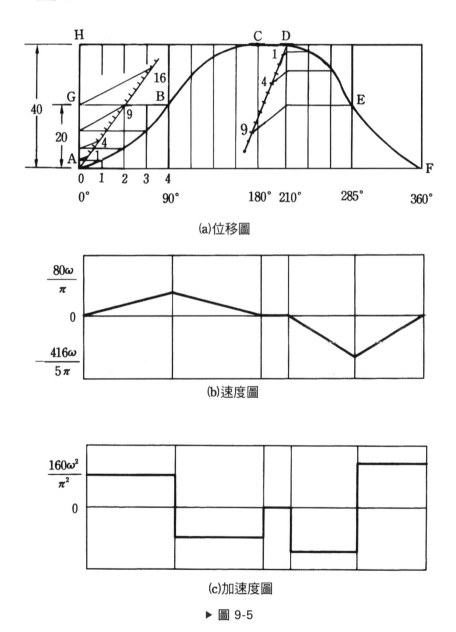

(a)位移圖

(b)速度圖

(c)加速度圖

▶ 圖 9-5

依照題意，位移圖大致可分成五個部份，現以圖 9-5 配合以下之文字說明來解釋其繪製法。

步驟 1： 在 y 軸上畫出升上高度 AG 及 GH，並取適當長度 AF 作為水平軸，以代表凸軸轉一圈之角度。

步驟 2： 依照比例決定等加速度上升之範圍 $(0° \sim 90°)$ 及等減速度上升之範圍 $(90° \sim 180°)$，停滯之區域 $(180° \sim 210°)$ 等加速度下降之區域 $(210° \sim 285°)$ 及等減速度下降之區域 $(285° \sim 360°)$。

步驟 3： 將由原點開始的等加速度90°範圍 4 等分，則每一等分代表了相同的凸輪角度，也就代表了相同的時間間隔。

步驟 4： 由於在步驟 3 中，將等加速區域作了四等分，由表 9-1 可知，經過四單位時間後，位移為 16 個單位，因此，在橫軸上 AG 要等分為 16 單位。在第一個單位時間時，應有一個單位的位移量，而第二個單位時間時應有四個單位的位移量，而第三個單位時間則有九個單位的位移量，依此類推，可畫出位移圖上 AB 之曲線。若無法直接將 AG 作 16 等分以取出其中一單位、四單位及九單位之長度時，一個作圖法是利用分規將通過原點 A 的斜線取 16 個相同的小段，將第 16 小段的尾端與 G 點連接，然後通過第一小段、第四小段及第九小段的尾端作此連接線的平行線與 AG 相交，交點即是代表第一單位時間及第二單位時間及第三單位時間應有的位移量，此一作圖法已詳繪於圖示 9-5 中。

步驟 5： 因為在 90° 到 180° 之區域中，凸輪旋轉角度及從動件之位移 AB 段相同，差別只在於等加速度變成等減速度，所以曲線 BC 可由 AB 曲線對 B 點作鏡射得到。

步驟 6： 在180° 及 210° 區域，從動件停留在最高點，所以位移圖之曲線是從 C 到 D 的水平線。

步驟 7： 從 D 開始到 285° 的 75° 範圍，從動件是做向下移之等加速度。這一區域內的曲線求法和步驟 3 和步驟 4 的作法相同，不同的是，從動件現在由 D 點開始，往下移動，因此在取等分線段時，必須由 D 點開始，圖中在此區域內時間被三等分，所以由表 9-1 知位移須 9 等分，而得到 DE。

步驟 8： EF 線和 DE 曲線是對 E 點成鏡射，理由和 AB 及 BC 曲線成鏡射相同。

除了作圖法之外，等加速度運動的位移曲線也可用數學的方法準確的求出。假如上升的凸輪角度為 β ，從動件的位移為 h ，如圖 9-6 所示。

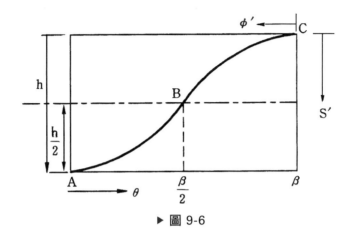

▶ 圖 9-6

則曲線 AB 可用下列式子求出：

$$S = \frac{1}{2} A t^2$$

若以 ω 表凸輪之角速度， θ 表凸輪之旋轉角度，則

$$S = \frac{1}{2} A \left(\frac{\theta}{\omega} \right)^2$$

將圖中 B 點的座標值代入，可求出從動件之加速度為

$$A = \frac{4h\omega^2}{\beta^2} \tag{9-1}$$

所以從動件的速度為

$$V = At = \frac{4h\omega^2}{\beta^2} \left(\frac{\theta}{\omega} \right) = \frac{4h\omega\theta}{\beta^2} \tag{9-2}$$

而其位移則為

$$S = \frac{1}{2} At^2 = \frac{1}{2} \left(\frac{4h\omega^2}{\beta^2} \right) \left(\frac{\theta}{\omega} \right)^2 = \frac{2h\theta^2}{\beta^2} \tag{9-3}$$

以上的這些公式只適用於 AB 段的曲線，即 $\theta \le \dfrac{\beta}{2}$，對於 $\dfrac{\beta}{2} \le \theta \le \beta$ 的部份可用變換參數的方式求得，說明如下。

　　由於 AB 和 BC 是對 B 點呈鏡射的曲線，因此如果以 C 點為起點，BC 曲線應該滿足(9-3)式（見圖 9-6），即

$$S' = \frac{2h\phi'^2}{\beta^2}$$

因為 $S' = h - S$，而 $\phi' = \beta - \theta$，代入上式，可得到

$$S = h\left[1 - 2\left(1 - \frac{\theta}{\beta}\right)^2\right] \tag{9-4}$$

而速度

$$V = \frac{ds}{dt} = \frac{ds}{d\theta} \cdot \frac{d\theta}{dt}$$

$$A = \frac{dV}{dt} = \frac{dV}{d\theta} \frac{d\theta}{dt}$$

所以

$$V = \frac{4h\omega}{\beta}\left(1 - \frac{\theta}{\beta}\right) \tag{9-5}$$

$$A = -\frac{4h\omega^2}{\beta^2} \tag{9-6}$$

　　根據這些公式，位移圖、速度圖及加速度圖便可以準確的求出來，如圖 9-5(a)(b)(c)所示。當然除了利用這些公式來計算外，也可以利用圖解微分的方法，從位移圖來求出速度圖和加速度圖。

9-5 修正等速度運動

當從動件以等速運動時,其位移對時間之變化為直線關係。圖 9-7 的位移圖表示從動件以等速由 A 上升到 B,由 B 到 C 從動件停滯不動而後再以等速下降到 D 點,圖 9-7(b)及圖 9-7(c)是其對應的速度圖和加速度圖。從這些圖中可以看出速度突然改變的時候,會有無限大的加速度值出現,這種情形造成凸輪與從動件之間的撞擊噪音和損耗。為了避免這種情形出現,於是將等速度運動略加修正,使得從動件的運動速度能在一小段間內發生改變而不是突然地改變,以降低機件之間的撞擊力。

現在再以例題 9-1 之情況來設計凸輪,但從 $0°$ 到 $180°$ 的區間從動作改以修正之等速度方式來運動,而 $210°$ 到 $360°$ 之間也以修正之等速度方式下降。

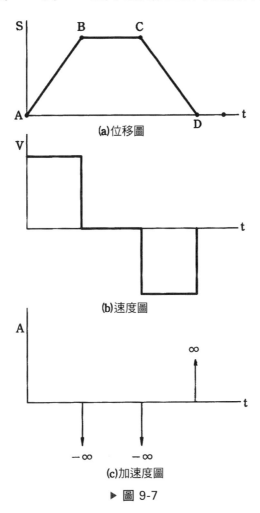

(a)位移圖

(b)速度圖

(c)加速度圖

▶ 圖 9-7

既然修正之等速運動，其著眼點在於避免速度有突然的改變，因此在速度圖上的要求是速度必須是時間的連續函數。換句話說就是位移時間曲線必須是平滑可微分的曲線。採用以下的方法可以達到這種要求。首先決定等速運動的區間（如圖9-8 中，時間軸 2 到 3 的區間），則 0 到 2 的時間內改成等加速，而從 3 到 5 採用等減速，接著將等加速區和等減速區二等分（決定時間軸 1 到 4 的位置），通過時間軸 1 和 4 繪出線段 $\overline{DE}$，此線段和時間軸 2、3 之交點，A、B 即為等加速曲線終點和等減速曲線開始之位置。

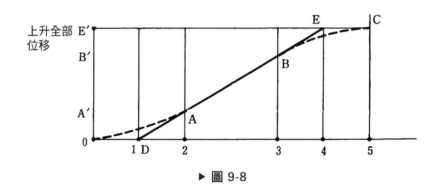

▶ 圖 9-8

而加速區以及減速區內的曲線（虛線部份）就可依照前面一節等加速度運動所敘述的方法來繪製，用這個方式所製出來的曲線，可以保證在 A 點及 B 點是連續可微分的，也就是在 A 點及 B 點的速度仍舊是連續的。這一點可以證明如下：

設 A 點的位移為 S，因此用等加速度的公式可知 $s = \dfrac{1}{2}At_2^2$，所以 A 點的速度可計算如下：

$$V_A = At_2 = \frac{2S}{t_2^2} \cdot t_2 = \frac{2S}{t_2}$$

但是依等速度運動時（線段 $\overline{DA}$），V_A' 之值為

$$V_A' = \frac{S}{t_2 - t_1} = \frac{S}{\frac{1}{2}t_2} = \frac{2S}{t_2} \qquad （因 t_2 = 2t_1）$$

因此 $V_A = V_A'$

現在以例題 9-1 為例，但以修正之等速度運動方式來說明位移時間圖，速度時間圖和加速度時間的繪製法。

✎ 解

首先根據設計上的實際要求，決定等速度運動的區間。在本例中，取凸輪角度 60° 到 90° 之間，從動件做等速度運動，因此 0° 到 60° 之區間是等加速運動，而 90° 到 180° 之間是做等減速運動。

在圖 9-9(a)中，首先畫出 60° 和 90° 及 180° 等處的鉛垂線 $\overline{AB}$、$\overline{CD}$、$\overline{EF}$，然後畫出 $\overline{OA}$、$\overline{CE}$ 的二等分線決定 G 和 H 點，再繪出 $\overline{GH}$ 線段，此線段與 $\overline{AB}$ 及 $\overline{CD}$ 交於 M 及 N。$\overline{OA}$ 之間是等加速度運動區，在這段區間，從動件必須由 O 上升到 M，而在 CF 之間，從動件是以等減速度之運動方式由 N 上升到 F，這兩個區域的曲線可由前一節所述的等加速度曲線的繪製方式繪出其二次曲線之軌跡，而 PQ 曲線的繪法相同於 OF 曲線之繪製法，因此不再重覆。其速度圖及加速度圖如圖 9-9(b)(c)所示。

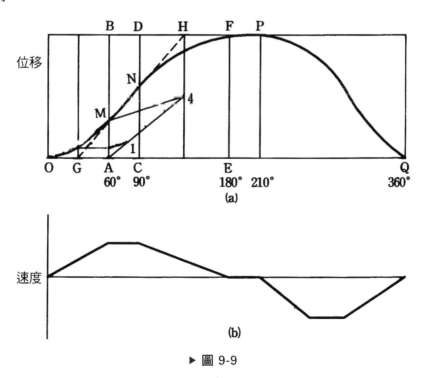

▶ 圖 9-9

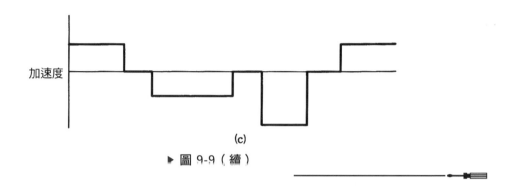

(c)

▶ 圖 9-9（續）

　簡諧運動

　　另外一種常用的運動方式是簡諧運動。在分析簡諧運動時，最簡單且最普遍使用的方法就是用等角速度迴轉的圓周運動來分析。因為當質點在做等角速度迴轉的圓周運動時，質點的運動軌跡在任何一條直徑上的投影正是簡諧運動。我們若欲以簡諧運動之概念來設計凸輪時，所利用的正是這一特性。

　　如果在凸輪轉動 β 角度的時間範圍內，從動件的升程為 h，則其位移時間圖繪製之方法配合圖 9-10 說明如下：

　　首先將水平軸做若平等分，圖 9-10 為 6 等分。在縱軸上畫出升程 h，並以 $h/2$ 為半徑畫出半圓，現在想像一個質點 P 正沿此半圓做等角速度之運動，則此 P 點在縱軸上的投影，正是簡諧運動。對於等角速度之圓周運動而言，在相同時間內，P 點必行經相等的圓心角。因此，配合水平軸的 6 等分，我們也將半圓的180°圓心角 6 等分，並作出半徑等分線，這些半徑等分線和圓周的交點 0, 1, 2, 3, …, 6 做水平投影到時間軸 0, 1, 2, 3, …, 6，而得到的交點即是從動件在該角度應有的升程，將所有交點以平滑曲線相連接即得到位移圖。

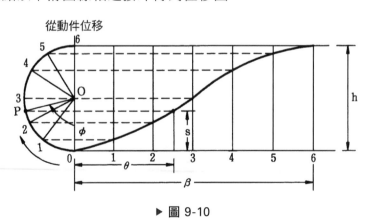

▶ 圖 9-10

　　此位移圓的曲線也可以用數學式準確地求得。當質點 P 繞 O 做圓周運動時，其所繞行之圓心角以 ϕ 表示（從圖 9-10 之座標原點量起），而 P 點距原點之垂直距離 S 可用圓心角和半徑表示

$$S = \frac{h}{2} - \frac{h}{2}\cos\phi$$

　　因為 P 點只是我們假想的質點，事實上並不存在，實際上可測量的是凸輪旋轉角 (θ)，因此我們要將 ϕ 轉換成 θ，這可用線性比例的方式來完成。即

$$\frac{\phi}{\pi} = \frac{\theta}{\beta}$$

因此

$$\phi = \frac{\pi}{\beta}\theta \quad 代入式得$$

$$S = \frac{h}{2}\left(1 - \cos\frac{\pi\theta}{\beta}\right) \tag{9-7}$$

　　若要依式 9-7 求出速度和加速之公式，必須記得，速度是位移對時間的微分，而加速度則是速度對時間的微分，同時凸輪轉角 θ 與凸輪轉速 $\omega\,(\text{rad / s})$ 之關係為

$$\theta = \omega t$$

因此速度

$$V = \frac{ds}{dt} = \frac{ds}{d\theta} \cdot \frac{d\theta}{dt} = \omega \cdot \frac{ds}{d\theta}$$
$$= \frac{\omega h \pi}{2\beta}\sin\frac{\pi\theta}{\beta} \tag{9-8}$$

再對時間微分一次得加速度 A

$$A = \frac{dV}{dt} = \frac{dV}{d\theta}\frac{d\theta}{dt} = \omega \cdot \frac{dV}{d\theta}$$
$$= \frac{\pi^2 h \omega^2}{2\beta^2}\cos\frac{\pi\theta}{\beta} \tag{9-9}$$

以上的公式在 0 到 β 的範圍均適用。

📖 例題 9-3

現在再以例題 9-1 為例，但改用簡諧運動之方式來設計凸輪。

✏️ 解

若以 30° 來等分凸輪，則整個上升行程可被等分為 6，而下降行程則被 4 等分，則位移時間圖如圖 9-11(a)所示，如果凸輪以 120 rpm 之轉速旋轉，則上升行程中 A 點有最大的速度。

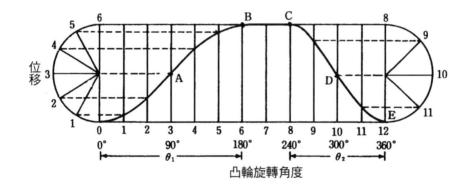

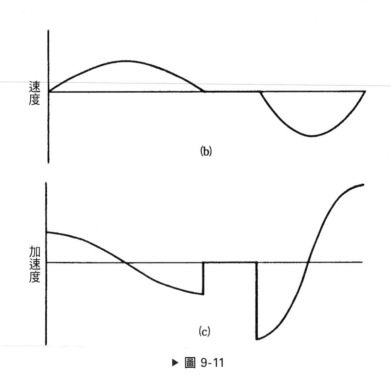

▶ 圖 9-11

又因 $\omega = \dfrac{120}{60}(2\pi) = 12.566 \text{ rad / sec}$

$\beta = \pi$

$V_A = \dfrac{\pi h \omega}{2\beta} = \dfrac{\pi(0.04)(12.566)}{2\pi} = 0.2513 \text{ m / sec}$

而下降行程中角度為 $240°$ 到 $360°$，所以 $\beta = 120° = \dfrac{2}{3}\pi$，且 D 點有最大下降速度

由公式 9-8，$\theta = \dfrac{\beta}{2}$ 時

$V_D = \dfrac{\pi(0.04)(12.566)}{2 \times \dfrac{2}{3}\pi} = 0.377 \text{ m / sec}$

由圖 9-11 亦可得知，最大加速度是發生在點 C 和點 E，其值計算如下：

$A_E = \dfrac{\pi^2 h \omega^2}{2\beta^2} = \dfrac{\pi^2(0.04)(12.566)^2}{2 \times \left(\dfrac{2}{3}\pi\right)^2} = 7.106 \text{ m / sec}^2$

9-7 擺線運動

擺線是圓在直線上滾動時，圓周上的　點在空間所行經的軌跡，而我們在用擺線運動的方式設計凸輪時，位移圖的繪製方法可由圖 9-12 表示。圖 9-12 曲線 ABC 中，所表示的是凸輪旋轉 β 角度的區間中，從動件以擺線運動方式上升 h 的位移圖。在位移圖右側，圓周為 h 的圓在直線上 DC 上滾動，則圓上 P 點所描繪的曲線 DEC 即為擺線。只要將此擺線 DEC 垂直高度，對應到適當的凸輪角，以得到曲線 AB、BC 即可，但是利用 DEC 曲線來獲得位移圖的方法，不僅耗力且費時，一個較簡單的方法是先繪出對角線 AC，在 AC 線左側適當位置繪出一圓周為 h 之圓，換言之半徑 $R = h/2\pi$，其圓心在 AC 線上。將上述的圓與時間作相同的 6 等分（即圓周上的點 0, 1, 2, 3, 4, 5, 6），然後將圓上之等分點投影到通過圓心的垂直線上。接著由垂直線上的投影點畫平行於 AC 的虛線與相對應的時間軸垂線相交，將這些與時間軸垂線相交的所有點用平滑的曲線相連線，即得到曲線 ABC。

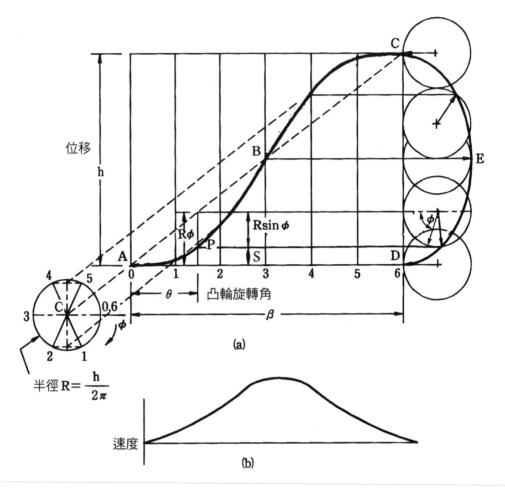

(a)

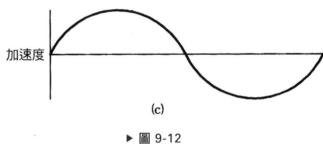

(b)

加速度

(c)

▶ 圖 9-12

曲線 *ABC* 也可以用數學式準確的算出來。讓我們再回到圖 9-12(a)右側的滾動圓,設想此圓由 *D* 點滾動到 *C* 點,且 *P* 點在開始時與 *D* 點重合。當圓滾動了 ϕ 角度時,*P* 點所行經的垂直距離 *S* 為

$$S = R\phi - R\sin\phi \tag{9-10}$$

同樣地，因為此滾動圓為假想圓，所以要將式 9-10 中的 ϕ 角換成凸輪的旋轉角 θ。當此滾動圓旋轉 2π 角度時，對應的凸輪角度為 β，而當圓滾動 ϕ 角度時，對應凸輪角度為 θ，則依此比例可得到

$$\frac{\theta}{\beta} = \frac{\phi}{2\pi} \qquad \therefore \phi = \frac{2\pi}{\beta}\theta$$

同時假想圓半徑　　$R = \dfrac{h}{2\pi}$

將上述兩個式子代入 9-10 式，我們可得到

$$S = R(\phi - \sin\phi)$$
$$= \frac{h}{2\pi}\left[\frac{2\pi}{\beta}\theta - \sin\frac{2\pi\theta}{\beta}\right] \tag{9-11}$$

將 9-11 式微分，可求 P 點在位移軸上升的速度及加速度

$$V = \frac{ds}{dt} = \frac{ds}{d\theta}\frac{d\theta}{dt} = \omega\frac{ds}{d\theta}$$
$$= \frac{h\omega}{\beta}\left(1 - \cos\frac{2\pi\theta}{\beta}\right) \tag{9-12}$$

$$A = \frac{dV}{d\theta}\frac{d\theta}{dt} = \frac{2\pi h}{\beta^2}\omega^2\sin\frac{2\pi\theta}{\beta} \tag{9-13}$$

9-8　運動曲線的比較

　　設計凸輪時，應選用何種型式的運動，則必須依據凸輪速率所允許的噪音及振動來選擇。如果操作速率不高，運動型式的選擇對噪音及振動的影響不甚重要。

　　反而是所選擇的運動型式是否滿足從動作的需求，此種考慮影響大些。以下就針對四種運動方式來簡述其優缺點。

　　從圖 9-5 中，我們可以注意到，以等加速度方式來設計時，加速度曲線在許多位置有突然的改變，而導致無限大的急跳，因此本運動型式不適於高速運轉使用。然而，這種運動方式的優點在於一定時間內，上升至一定高度時，所需之加速度最小。

而等速運動，因產生無限大的加速度，如圖 9-7 所示，故極度不適用於高速運轉。而修正等速度運動，如圖 9-9 所示，雖然將無限大的加速度值消掉，因而比等速度優良，然而在加速度曲線中仍有突然的變化，而造成無限大的急跳度。

而從圖 9-11 中，不難想像以簡諧運動方式設計凸輪時，除了升程及降程相等且均為180°時，加速度曲線會是連續曲線外，其他情況都會使加速度曲線不連續而產生無限大的急跳。

擺線運動卻完全沒有加速度不連續的問題，從圖 9-12 中可以看見，以擺線運動方式來設計時，不論在升程的開始或升程的結束位置，加速度值均為零，因此即使在升程前以及升程完成後，從動件有停滯不動的情形，仍然不會產生不連續的問題，因此在我們討論過的運動型式中，擺線運動最適宜高速率凸輪。但在我們研究的幾種運動方式中，擺線運動須要最高值的加速度，才可在一定的時間內達到預定升程高度。

為了方便比較起見，將已研究過的常見從動件運動型式的描述方程式列於表 9-2。

表 9-2

運動型式	位移	速度	加速度
等加速度	For $\dfrac{\theta}{\beta} \geq 0.5$ ， $s = 2h\dfrac{\theta^2}{\beta^2}$	$\dfrac{ds}{dt} = \dfrac{4h\omega\theta}{\beta^2}$	$\dfrac{d^2s}{dt^2} = \dfrac{4h\omega^2}{\beta^2}$
	$For \dfrac{\theta}{\beta} \geq 0.5$ ， $s = h\left[1 - 2\left(1 - \dfrac{\theta}{\beta}\right)^2\right]$	$\dfrac{ds}{dt} = \dfrac{4h\omega}{\beta}\left(1 - \dfrac{\theta}{\beta}\right)$	$\dfrac{d^2s}{dt^2} = -\dfrac{4h\omega^2}{\beta^2}$
簡諧運動	$s = \dfrac{h}{2}\left(1 - \cos\dfrac{\pi\theta}{\beta}\right)$	$\dfrac{ds}{dt} = \dfrac{\pi h\omega}{2\beta}\sin\dfrac{\pi\theta}{\beta}$	$\dfrac{d^2s}{dt^2} = \dfrac{\pi^2 h\omega^2}{2\beta^2}\cos\dfrac{\pi\theta}{\beta}$
擺線運動	$s = h\left(\dfrac{\theta}{\beta} - \dfrac{1}{2\pi}\sin\dfrac{2\pi\theta}{\beta}\right)$	$\dfrac{ds}{dt} = \dfrac{h\omega}{\beta}\left(1 - \cos\dfrac{2\pi\theta}{\beta}\right)$	$\dfrac{d^2s}{dt^2} = \dfrac{2\pi h\omega^2}{\beta^2}\sin\dfrac{2\pi\theta}{\beta}$

9-9　凸輪輪廓的構圖

　　在我們針對需要來選定從動件運動型式並繪製好位移圖後，接下來就是要利用位移圖來完成凸輪的設計。

　　凸輪的輪廓形狀，取決於凸輪尺寸及從動件的形狀、尺寸及路徑。繪製凸輪輪廓最普遍使用的方法是將凸輪固定不動，而在輪周上取若干相位角，然後將機架及從動件繞凸輪旋轉，以決定在各相位角凸輪與從動件的接觸點，而這些接觸點的包線就構成了凸輪的輪廓線。現在就來說明如何運用這方法，來決定和各種不同從動件相配合的凸輪外形。

9-10　圓盤凸輪及往復式刃端從動件

　　圖 9-13 說明的是配合往復式刃端從動件使用的圓盤凸輪輪廓繪製方法。

　　當凸輪以順時針方向旋轉時，從動件做徑向的上下移動，右側是凸輪旋轉一周時的位移圖。若將位移圖分割為 12 個等區間，凸輪亦應對應區分為 12 個相等角度。基圓半徑就是由凸輪中心點到從動件在最低位置時與凸輪表面的接觸點的距離，將位移圖上的每一個 θ 角度的位移量標在從動件之軸上，當凸輪旋轉時，在特定時間時，從動件的刃端必須由 0′ 的位置，依序升到 1′，2′，……等位置，因此可以用 01′ 為半徑，0 為圓心，決定凸輪角度為 1 時，凸輪表面應有的位置1″，同理依序可決定凸輪在各個角度的位置（即 2″，3″，4″……），再用平滑曲線連接這些點，即可求出凸輪的輪廓。

　　刃端從動件因接觸面積甚小，極易磨損，故很少有實務上的應用，因此常將刃端從動件改為滾子端從動件。

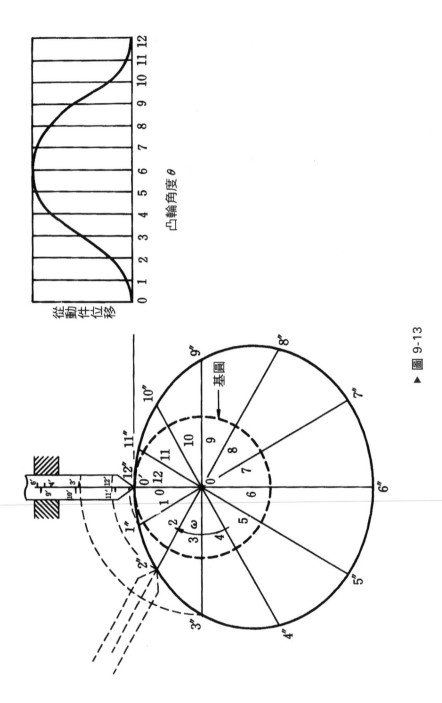

▲ 圖 9-13

9-11　圓盤凸輪與滾子端從動件

　　圖 9-14 說明了與滾子端從動件配合的圓盤凸輪的輪廓繪製方法。假使我們使用的是與前一節的例子相同的位移圖，但是將刃端從動件改為滾子端從動件。在作圖時，我們仍必須先以刃端從動件來代替滾子端從動件，同時假設此刃端從動件的尖端就在滾子的中心。因此我們可用上一節所描述的方式求得滾子中心軸的位子，1″，2″，3″……連接些點的平滑曲線在此稱節曲線，在上一節中，此曲線就是凸輪的輪廓，但是現在節曲線所代表的是滾子中心的位置。此時再以滾子的半徑為半徑，以節曲線上各點為圓心畫弧，再以平滑曲線與所有的弧相切，就可得到凸輪的輪廓。一般而言，滾子與凸輪的接觸點未必在凸輪中心和滾子中心的連線上。

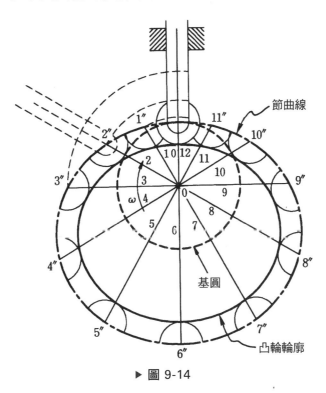

▶ 圖 9-14

9-12　圓盤凸輪與偏心滾子端從動件

　　不論是圖 9-13 或圖 9-14 的從動件，都只能沿著機架做上下的移動，因此，從動件所受的力，如果有垂直於從動件運動方向的分量，不僅對從動件的運動無益，反而有害，因為它對從動件造成了側向的衝擊。有時候為了減小這種側向的衝擊，

工程師會刻意的將從動件偏移一邊，此時從動件的軸線就沒有通過凸輪的轉動中心，如圖 9-15 所示。當從動件偏左方時，凸輪應順時鐘旋轉，反之如果從動件偏右方，凸輪就應逆時鐘方向旋轉，如此才能降低側向衝擊。而其輪廓繪製方法，則配合圖 9-15 說明如下。

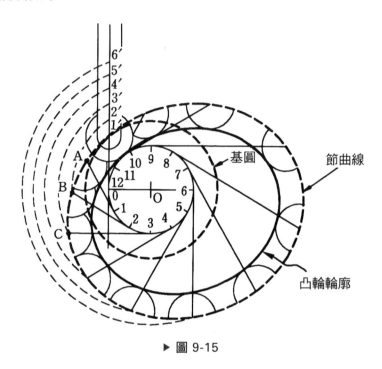

▶ 圖 9-15

　　當滾子在最低位置時，滾子中心和凸輪轉動中心的距離，就是基圓半徑，而凸輪中心到從動件中心線的垂直距離 $\overline{O0}$，稱為**偏心量**，同時也是偏心圓半徑。配合圖 9-13 的位移圖，將凸輪之偏心圓 12 等分，由這些偏心圓圓周上的等分點 (1,2,3,4,……,12)作偏心圓的切線，再以凸輪軸心 O 點為圓心，而分別與 $O1'$, $O2'$, $O3'$…… 為半徑畫弧，此弧與切線的交點 A、B、C…… 決定了凸輪的節曲線，此時再以滾子半徑向內畫弧，最後畫出平滑的曲線和所有的弧相切，就得凸輪的輪廓。

9-13 壓力角

側向衝擊產生的原因，是因為從動件的受力方向與運動方向不一致，如圖 9-16 所示。若以力學觀點來分析，從動件的受力 F 應沿著凸輪從動點的共法線方向，此法線方向與從動件的運動方向的夾角 ϕ，稱為**壓力角**。而作用力在從動件運動方向的有效分量為 $F\cos\phi$，而分量 $F\sin\phi$ 就導致了所謂的**側向衝擊**，它使得從動件因產生力矩而彎曲，因而從動件在導槽中的運動就容易受到阻礙，因此我們不希望它發生。而降低側邊衝擊的唯一方法就是減少壓力角，以降低 $F\sin\phi$ 之分量，一般而言，設計優良的壓力角應不超過 $30°$。

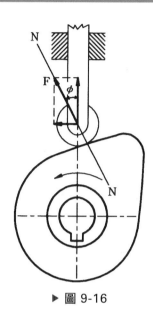

▶ 圖 9-16

當位移圖固定時，可用下列的方法來減小壓力角：

1. **增加基圓的直徑**。如圖 9-17 所示，當凸輪基圓半徑由 R_1 增大為 R_2 時，對同樣的凸輪轉角和升程 h，壓力角將由 ϕ_1 減為 ϕ_2。

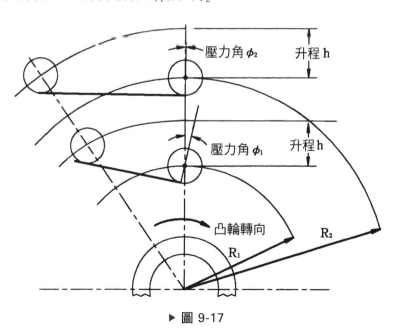

▶ 圖 9-17

2. 改變從動件之偏心量。如圖 9-18 所示,當偏心量增加時,壓力角降低。

如果位移圖可以稍作修改,那麼減少從動件之升程,或者增加從動件升程之凸輪旋轉角度,以及改變從動件的運動型態。例如,等加速度,簡諧運動等均可改變壓力角。

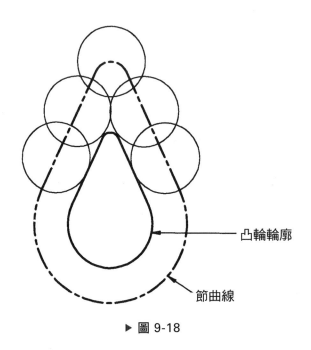

凸輪輪廓

節曲線

▶ 圖 9-18

9-14　凸輪的製造

以圖解法求得之凸輪輪廓,只能適用於精度要求不高的低速齒輪,這種凸輪的製造一般均是將凸輪輪廓描繪於毛坯上,然後以帶鋸切下大約之輪廓,再用銼刀、銑刀做進一步之加工,以得到所需的凸輪。

至於高精度的凸輪製造,就必須借助數值控制機器了。首先由數學分析法計算得到凸輪的外形,再利用電腦輔助設計(CAD)之軟體,在電腦上畫出正確的凸輪形狀之後,轉成電腦輔助製造(CAM)軟體可接受的資料,而由 CAM 的轉體直接控制 NC 或者 CNC 機器進行切割。

9-15 設計的限制

　　設計凸輪時，通常都是先有位移圖，再選擇從動件的型式和基圓的大小，但是我們的選擇不一定合乎實際。

　　在圖 9-18 中所表示的是一個滾子端從動件所使用的凸輪輪廓，此一凸輪無法在每一個位置都與滾子接觸，所以凸輪的頂端無法將滾子從動件推到預定的位置，若欲改正此種情況，可增大基圓半徑或使用較小的滾子。

　　從 1.到 4.各題，畫出題目所指定的位移圖，位移圖中，凸輪角度每30°作一曲分，圖形高度以從動件的實際尺寸繪出。

1. (1) 在90°內以等加速度上升 3 公分，其次的90°以等減速上升 6 公分。
   (2) 停留60°。
   (3) 在60°以等加速度下降 3 公分，其次的60°以等減速下降 3 公分。

2. (1) 在180°內以修正等速運動上升 4 公分，最初之60°為等加速度，其次的60°為等速，後來的60°為等減速。
   (2) 停留30°。
   (3) 在150°以修正等速運動下降 4 公分，最初之60°以等加速下降，其次的30°以等速下降，最後的60°以等減速下降。

3. (1) 在180°內以簡諧運動之方式上升 4 公分。
   (2) 停留30°。
   (3) 在150°內以簡諧運動之方式下降 4 公分。

4. (1) 以擺線運動方式設計180°內上升 4 公分。
   (2) 停留30°。
   (3) 在120°內以擺線運動之方式下降 4 公分。
   (4) 停留30°。

CHAPTER 10

槓桿、滑輪與摩擦及撓性傳動機構

 **本章綱要**

MECHANISMS

10-1 摩擦傳動機構

工程上除了使用齒輪，連桿來作為傳遞動力的方式之外，還經常使用其他的機構來傳送動力，例如我們在第六章開始時提到的圓柱摩擦輪，就是利用圓柱之間摩擦力來傳遞動力，在這個章節中，我們將對這種摩擦傳動機構作進一步的探討。

最普遍的摩擦機構，莫過於圓柱摩擦輪，這是用來傳遞兩個平行軸之間的動力，根據圓柱接觸的方式可分為外接及內接兩種，如圖 10-1 所示。

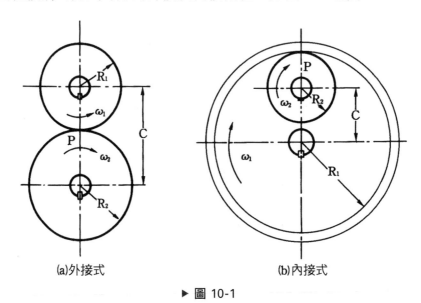

(a)外接式　　　　　　　　　　(b)內接式

▶ 圖 10-1

外接型圓柱摩擦用於兩軸之轉向相反時之動力傳送，此兩軸之中心距 C 等於兩摩擦輪半徑之和。

$$C = R_1 + R_2 \text{，} V_{P1} = \omega_1 R_1 \text{，} V_{P2} = \omega_2 R_2 \text{（圖 10-1(a)）}$$

假設兩輪作純滾動之傳送，則兩輪之接觸點 P 必有相同之切線速度 $V_{P1} = V_{P2}$，即

$$\omega_1 R_1 = \omega_2 R_2 \text{（純滾動）} \tag{10-1}$$

由式 10-1 可以得到二者的傳動角速度與半徑成反比

$$\frac{\omega_1}{\omega_2} = \frac{R_2}{R_1} \tag{10-2}$$

如果讀者還記得，這也正是齒輪傳動時的定則。

至於內接型圓柱摩擦輪則用於兩軸轉向相同時的動力傳送，此時其軸心距離為兩輪半徑之差，即

$$C = R_1 - R_2$$

而轉速與半徑之關係則仍然符合 10-2 式。

如果兩傳動軸位於同一平面，但並不平行，此時所使用之圓錐體摩擦輪稱為錐形摩擦輪，圖 10-2 所示為兩個作外接接觸傳動之外接錐型摩擦傳動輪，兩中心軸之交點 O 稱為**公頂點**，OP 稱為**接觸線**。當兩個圓柱摩擦輪作滾動接觸時，兩圓錐輪在接觸線上的任一點具有相同之切線速度，因此轉速和半徑之關係亦如 10-2 式所表示之反比關係。以圖 10-2 之 P 點為例可以觀察到下面所列的幾何關係

$$R_1 = \overline{OP}\sin\alpha$$

$$R_2 = \overline{OP}\sin\beta$$

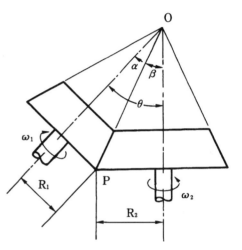

▶ 圖 10-2　外接錐型摩擦輪

將這兩個關係式代入式子 10-2，我們可以得到轉速與圓錐角之間的關係

$$\frac{\omega_1}{\omega_2} = \frac{\sin\beta}{\sin\alpha} \tag{10-3}$$

上式說明，當利用圓錐體摩擦輪來傳遞動力時，一旦圓錐角固定，兩軸之轉速比也就決定了。

就工程上的應用而言，也許比較容易碰到的問題是兩軸之間的夾角 θ 已知在固定的轉速比下，希望求出 α 及 β 之角度。此時可將 $\theta = \alpha + \beta$ 之幾何關係代入 10-3 式，而得到

$$\frac{\omega_1}{\omega_2} = \frac{\sin\beta}{\sin(\theta-\beta)} = \frac{\sin\beta}{\sin\theta\cos\beta - \cos\theta\sin\beta}$$

$$= \frac{\tan\beta}{\sin\theta - \cos\theta\tan\beta}$$

所以

$$\sin\theta - \cos\theta\tan\beta = \frac{\omega_2}{\omega_1}\tan\beta$$

因此可得到

$$\tan\beta = \frac{\sin\theta}{\cos\theta + \dfrac{\omega_2}{\omega_1}} \tag{10-4}$$

或者令 $\alpha = \theta - \beta$ 代入 10-3 式,利用同樣的方法可得到

$$\tan\alpha = \frac{\sin\theta}{\cos\theta + \dfrac{\omega_1}{\omega_2}} \tag{10-5}$$

由 10-4 及 10-5 式可算出所需要的圓錐角。

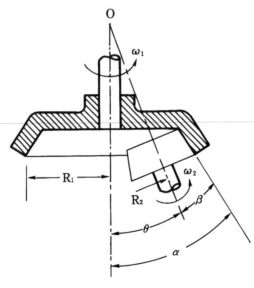

▶ 圖 10-3 內接錐型摩擦輪

假如兩軸之旋轉方向相同時,則使用一個外圓錐摩擦輪和一個內圓錐摩擦輪相配合,如圖 10-3 所示,此時轉速與圓錐之關係仍然符合 10-3 式,但因為兩軸之間的夾角為兩圓錐角之差,故而若已知 θ,ω_1 及 ω_2 時,圓錐角之計算需依下式

$$\frac{\omega_1}{\omega_2} = \frac{\sin\beta}{\sin\alpha} \quad , \quad \beta = \alpha - \theta$$

$$= \frac{\sin(\alpha - \theta)}{\sin\alpha}$$

$$= \frac{\sin\alpha\cos\theta - \cos\alpha\sin\theta}{\sin\alpha}$$

$$\frac{\omega_1}{\omega_2} = \frac{\cos\theta\tan\alpha - \sin\theta}{\tan\alpha}$$

$$\frac{\omega_1}{\omega_2} = \cos\theta - \frac{\sin\theta}{\tan\alpha}$$

$$\frac{\omega_1}{\omega_2} - \cos\theta = -\frac{\sin\theta}{\tan\alpha}$$

$$\tan\alpha\left(\cos - \frac{\omega_1}{\omega_2}\right) = \sin\theta$$

$$\tan\alpha = \frac{\sin\theta}{\cos\theta - \dfrac{\omega_1}{\omega_2}} \tag{10-6a}$$

$$\frac{\omega_1}{\omega_2} = \frac{\sin\beta}{\sin\alpha} \quad , \quad \alpha = \theta + \beta$$

$$= \frac{\sin\beta}{\sin(\theta + \beta)}$$

$$= \frac{\sin\beta}{\sin\theta\cos\beta + \cos\theta\sin\beta}$$

$$\frac{\omega_1}{\omega_2} = \frac{\tan\beta}{\sin\theta + \cos\theta\tan\beta}$$

$$\sin\theta + \cos\theta\tan\beta = \frac{\omega_2}{\omega_1}\tan\beta$$

$$\sin\theta = \left(\frac{\omega_2}{\omega_1} - \cos\theta\right)\tan\beta$$

$$\therefore \tan\beta = \frac{\sin\theta}{\dfrac{\omega_2}{\omega_1} - \cos\theta} \tag{10-6b}$$

　　摩擦輪之傳動靠兩摩擦輪之間的壓力所產生的摩擦力，如果兩輪之間的正向壓力太小時，兩輪就會有滑動之現象發生，導致接觸點之線速度不相等，實際上由於摩擦輪所能產生之摩擦力有限，故摩擦輪通常不能傳遞較大之動力，同時由於兩輪之間不可避免的微量滑動，摩擦輪無法維持準確之速度比，因此被稱為是一種不確動傳動。

　　摩擦輪所傳遞的動力或功率乃是由兩輪之間的摩擦力和接觸點的切線速度決定的，即

$$W = F \cdot V \tag{10-7}$$

其中

W 表示二輪之間傳遞的動力（單位為瓦特或馬力），

F 表示二者之間的摩擦力，

V 表無滑動時接觸點之線速度。

10-2　撓性傳動機構

　　工程上還經常使用皮帶、繩索、鏈條等撓性機械元件來作為較遠距離之動力傳遞，以取代一群齒輪、軸、軸承或類似的傳動裝置，而大大地降低了機械之成本，而這種傳遞動力的方式稱為撓性傳動，因為撓性傳動所使用的皮帶、繩索、鏈條等不但長又具有彈性，因而對於吸收衝擊負荷及消除震動力有極大的幫助。

10-3　皮帶傳動

　　根據皮帶配掛的方式，皮帶傳動可分為**開口皮帶纏繞式**與**交叉皮帶纏繞式**兩種。

　　開口皮帶纏繞式的傳動如圖 10-4 所示，兩個皮帶輪同向轉動，而交叉皮帶纏繞式的傳動，兩個皮帶輪的轉向相反，如圖 10-5 所示。不論是開口纏繞式或者交叉纏繞式，若是傳動時皮帶與皮帶輪之間並無滑動，則兩皮帶輪表面之線速度必等於皮帶之線速度，所以可得到

$$\omega_1 R_1 = \omega_2 R_2 \tag{10-8}$$

式(10-8)說明皮帶輪軸之轉速和皮帶輪之半徑成反比。

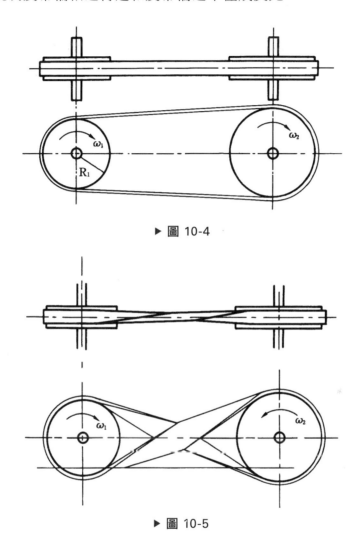

▶ 圖 10-4

▶ 圖 10-5

若皮帶輪的半徑分別為 R_1、R_2 而皮帶輪之軸距為 C，如圖 10-6 所示，則開口式所需之皮帶長度 L 可用下面的式子計算

$$L = 2\left(\overline{AB} + \overline{BC} + \overline{CD}\right)$$
$$= 2\left[R_1\left(\frac{\pi}{2} - \theta\right) + C\cos\theta + R_2\left(\frac{\pi}{2} + \theta\right)\right]$$
$$= \pi(R_1 + R_2) + 2\theta(R_2 - R_1) + 2C\cos\theta \tag{10-9}$$

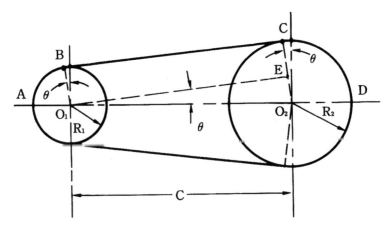

▶ 圖 10-6

其中由 $\Delta O_1 O_2 E$ 可得到

$$C\cos\theta = \sqrt{C^2 - (R_2 - R_1)^2}$$ (10-10)

當 θ 不大時

$$\theta \simeq \sin\theta = \frac{R_2 - R_1}{C}$$ (10-11)

將(10-10)及(10-11)代入(10-9)式，可得

$$L = \pi(R_1 + R_2) + \frac{2(R_2 - R_1)^2}{C} + 2\sqrt{C^2 - (R_2 - R_1)^2}$$

$$= \pi(R_1 + R_2) + \frac{2(R_2 - R_1)^2}{C} + 2C\sqrt{1 - \left(\frac{R_2 - R_1}{C}\right)^2}$$ (10-12)

在 10-12 式中根號項可用二項式定理進一步化簡。二項式定理之公式如下：

$$(a+b)^n = a^n + na^{n-1}b + \frac{n^{(n-1)}a^{n-2}b^2}{2!} + \cdots\cdots$$

所以

$$\sqrt{1 - \left(\frac{R_2 - R_1}{C}\right)^2}$$

$$= 1 - \frac{1}{2}\left(\frac{R_2 - R_1}{C}\right)^2 + \frac{\frac{1}{2}\left(-\frac{1}{2}\right)\left(\frac{R_2 - R_1}{C}\right)^4}{2!} + \cdots\cdots$$ (10-13)

一般應用皮帶的場合中 $C \gg (R_2 - R_1)$，因此若將 10-13 式中的高次項省略，將不會導致太大的誤差。所以 10-13 式可簡化為

$$L = \pi(R_1 + R_2) + \frac{2(R_2 - R_1)^2}{C} + 2C\left[1 - \frac{1}{2}\left(\frac{R_2 - R_1}{C}\right)^2\right]$$

$$= \pi(R_1 + R_2) + 2C + \frac{(R_2 - R_1)^2}{C} \tag{10-14}$$

工程上一般均使用直徑而不用半徑，所以

$$L = \frac{\pi}{2}(D_1 + D_2) + 2C + \frac{(D_2 - D_1)^2}{4C} \tag{10-15}$$

若所採用的是皮帶交叉纏繞式的傳動，則所需之皮帶長度計算公式如下

$$L = \frac{\pi}{2}(D_1 + D_2) + 2C + \frac{(D_1 + D_2)^2}{4C} \tag{10-16}$$

　　按照皮帶之斷面形狀來分類，則常用的皮帶有矩形斷面的平皮帶和梯形斷面的 V 型皮帶，不論使用那一種皮帶，當皮帶輪被帶動旋轉時，必定會造成皮帶的張力變化，如圖 10-7 所示，對於平皮帶，兩側的張力差可用下面的式子估計

$$\frac{T_2(\text{緊邊張力})}{T_1(\text{鬆邊張力})} = e^{\mu_s \beta} ，\ \mu \text{為摩擦係數，}\beta \text{為皮帶包圍的角度}$$

若使用 V 型皮帶則公式變成

$$\frac{T_2}{T_1} = e^{\left(\frac{\mu_s \beta}{\sin \alpha}\right)}$$

其中 α 之角度定義如圖 10-8 所示。

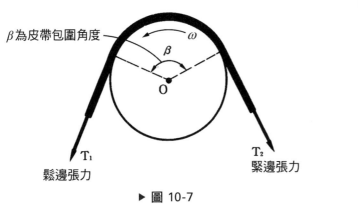

▶ 圖 10-7

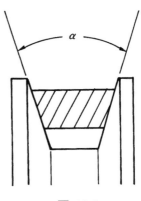

▶ 圖 10-8

　　有時候，不同直徑的數個皮帶輪會結合在一起使用成塔輪，如圖 10-9 所示。鑽床經常使用塔輪，藉著使用不同階的帶輪，以獲得各種不同的鑽頭轉速。使用塔輪的一個重要條件是一條皮帶必須適用於每一階的帶輪，因此每一階的皮帶輪尺寸必須符合某些限制，現在以例子實際說明如下：

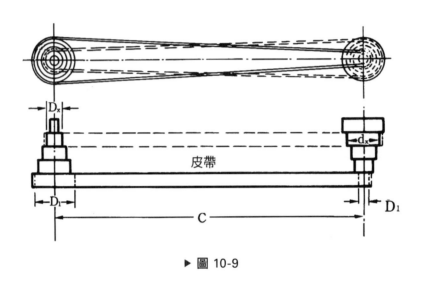

▶ 圖 10-9

📋 例題 10-1

　　圖 10-10 所示為一對三階塔輪，主動軸轉速固定為 150 rpm 而從動軸之轉速標示如圖，若使用開口皮帶，決定皮帶輪各階之直徑。

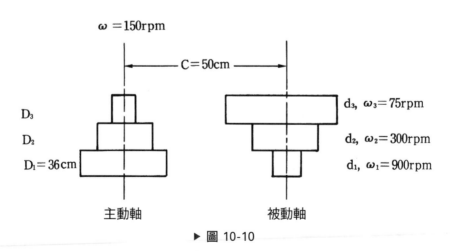

▶ 圖 10-10

解

第一階塔輪

主動輪直徑 $D_1 = 36$ cm，轉速 $\omega_1 = 150$ rpm

被動輪直徑 d_1，轉速 $\omega_2 = 900$ rpm

由(10-9)式可得

$$d_1 = 36 \times \frac{150}{900} = 6 \text{ cm}$$

由(10-15)式可計算皮帶長度

$$L = \frac{\pi}{2}(36+6) + (2 \times 50) + \frac{(36-6)^2}{4 \times 50} = 170.5 \text{ cm}$$

第二階塔輪

主動輪直徑 D_2，轉速 150 rpm

被動輪直徑 d_2，轉速 300 rpm

由(10-9)式可得

$$d_2 = D_2 \times \frac{150}{300} = \frac{D_2}{2} \qquad \therefore D_2 = 2d_2$$

而所需之皮帶長 $L = 170.5$ cm，所以依(10-15)式可得到

$$170.5 = \frac{\pi}{2}(D_2 + d_2) + (2 \times 50) + \frac{(D_2 - d_2)^2}{4 \times 50}$$

可解得　　$D_2 = 29.46$ cm，$d_2 = 14.73$ cm 第三階塔輪

主動輪直徑 D_3，轉速 150 rpm

被動輪直徑 d_3，轉速 75 rpm

由(10-9)式可得

$$d_3 = D_3 \times \frac{150}{75} = 2D_3$$

而皮帶長 $L = 170.5 \text{ cm}$

因此由(10-15)式有

$$170.5 = \frac{\pi}{2}(D_3 + d_3) + (2 \times 50) + \frac{(D_3 - d_3)^2}{4 \times 50}$$

可得　　$D_3 = 14.76 \text{ cm}$，$d_3 = 29.52 \text{ cm}$

10-4　鏈條傳動

　　鏈條也是常被用來作動力傳動的撓性機構，與鏈條配合一起使用的傳動輪稱為鏈輪。當運轉時，鏈條之線速度與鏈輪之切線速度相等，所以是一種確動傳動機構。

　　鏈條傳動時，如圖 10-11 所示，兩軸的轉速比和鏈輪的齒數成反比，即

$$\frac{\omega_a}{\omega_b} = \frac{T_b}{T_a}$$

其中　　ω_a 主動輪之轉速

　　　　ω_b 被動輪之轉速

　　　　T_a 主動輪之齒數

　　　　T_b 被動輪之齒數

依照使用之場合，鏈條可概分為三大類，即 **1.吊重鏈、2.輸送鏈與 3.傳力鏈。**

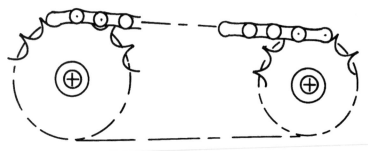

▶ 圖 10-11

10-4-1　吊重鏈

　　吊重鏈的功用在於曳引重物，例如吊車，船錨等所用之鏈條，圖 10-12 所示為套環鏈，是由一圈一圈的橢圓形環結合而成，常用於起重機，吊車之場合。

　　而另一種常用之起重鏈如圖 10-13 所示。此鏈之外形與套環鏈相似，但在每個套環中多了一支柱子，故強度更高，且不易扭結，稱為柱環鏈，常用於船上之錨鏈及繫留鏈。

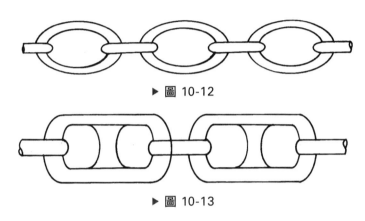

▶ 圖 10-12

▶ 圖 10-13

10-4-2　輸送鏈

　　輸送鏈的用途是將物品不斷地從一處搬運至另一處，在自動化生產設備中常常使用到。由於他的用途不在承受重大之拉力，所以常用展性鑄鐵為材質，利用活鉤互相連接，而將物品置於鏈上輸送，如圖 10 14 所示。

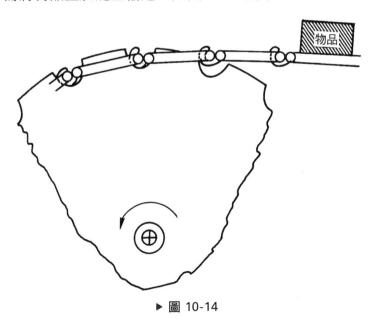

▶ 圖 10-14

10-4-3　傳力鏈

傳力鏈之用途在於傳遞動力，常用鋼材製成，以下介紹三種常用之傳力鏈。

最常使用的傳力鏈為圖 10-15 所示之滾子鏈，由活動滾子、襯套、聯結鏈板和銷所組成，每個滾子中心線之距離稱為**節距**。滾子可繞著銷轉動，因此與鏈輪結合時效率相當高。

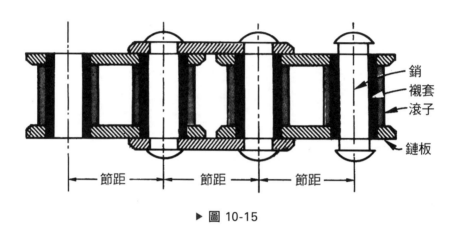

▶ 圖 10-15

另一種倒齒鏈，可傳送比滾子鏈更大的動力，圖 10-16 所示稱為雷氏倒齒鏈，鏈條本身沒有滾子，但其鏈帶之形狀恰好配好鏈輪之外形，因此不需依靠滾子，可直接傳動。因為運轉時噪音極低所以倒齒鏈又被稱為無聲鏈，常用於高速運轉之場合。

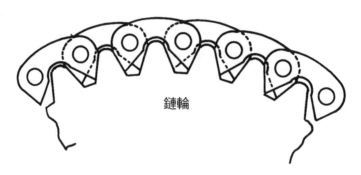

▶ 圖 10-16

結構最簡單的是塊狀鏈如圖 10-17 所示，雖然傳動效率低，但是製造簡單、價格低廉，所以在低速之場合應用普遍。

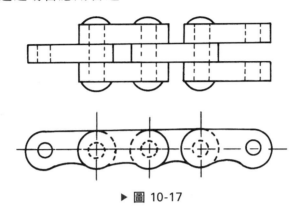

▶ 圖 10-17

10-4-4　鏈長計算

因鏈條與開口皮帶相似，若已知兩鏈輪之大小與中心距，欲求其應有之鏈長，我們可使用開口皮帶長度計算之公式來估計，所以鏈長的近似公式為

$$L = \frac{\pi}{2}(D+d) + 2C + \frac{(D-d)^2}{4C}$$

其中　　L：鏈長

　　　　D，d：兩個鏈輪之節圓直徑

　　　　C：兩個鏈輪之中心距

鏈輪與皮帶最顯著的不同在於，鏈條在鏈輪之節圓上為一多邊形，而非圓形，如圖 10-18 所示。

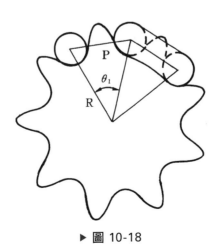

▶ 圖 10-18

如果 P 代表鏈條之節距，則鏈輪之半徑與鏈條之節距有著以下的關係

$$R\sin\frac{\theta_1}{2} = \frac{P}{2}$$

其中 θ_1 為鏈輪之相鄰兩齒所張開的角度。以直徑表示時，上式可寫成 $D = P\csc\frac{\theta_1}{2}$ 同理 $d = P\csc\frac{\theta_2}{2}$，將此結果代入鏈長之計算公式中可得到

$$L = \frac{\pi}{2}(D+d) + 2C + \frac{\left(P\csc\frac{\theta_1}{2} - P\csc\frac{\theta_2}{2}\right)^2}{4C}$$

如果上式以鏈條之節距 P 除之，則所得到的將代表鏈條所需之節數。

$$L_p = \frac{\pi}{2P}(D+d) + 2C_p + \frac{1}{4C_p}\left(\csc\frac{\pi}{T_a} - \csc\frac{\pi}{T_b}\right)$$

其中 $\quad \theta = \frac{2\pi}{T} \quad$ 故 $\frac{\theta_1}{2} = \frac{\pi}{T_a} \quad$ 且 $\frac{\theta_2}{2} = \frac{\pi}{T_b}$

而 $C_p = \frac{C}{P}$ 代表兩個鏈輪中心距長度應有之鏈條節數。

上式右邊第一項所代表的意義是鏈輪的半周長所包括的鏈條節數，因此等於 $\frac{1}{2}(T_a + T_b)$，所以鏈條所需之節數可用下式計算之

$$L_p = \frac{1}{2}(T_a + T_b) + 2C_p + \frac{1}{4C_p}\left(\csc\frac{\pi}{T_a} - \csc\frac{\pi}{T_b}\right) \tag{10-17}$$

如果所得到之節數含有小數點，則必須取略大之整數，因為鏈條必須為整數節，且最好取 L_p 為偶數。

📄 例題 10-2

兩個鏈輪之齒數分別為 $T_a = 24$，$T_b = 36$，利用滾子鏈條傳動，且鏈條之節距為 $P = 0.375\,\mathrm{cm}$，而鏈輪中心為 25 cm，試求鏈輪之節直徑以及所需之鏈長。

⚙ **解**

節徑

$$D = P \csc \frac{\pi}{T_a} = 0.375 \times \csc \frac{\pi}{24} = 2.87 \text{ cm}$$

$$d = P \csc \frac{\pi}{T_b} = 0.375 \times \csc \frac{\pi}{36} = 4.30 \text{ cm}$$

$$D_p = \frac{D}{P} = \frac{2.87}{0.375} = 7.65 \text{ 節}$$

$$d_p = \frac{d}{P} = \frac{4.3}{0.375} = 11.47 \text{ 節}$$

$$C_p = \frac{C}{P} = \frac{25}{0.375} = 66.67 \text{ 節}$$

由公式得鏈長為

$$L_p = \frac{24+36}{2} + 2 \times 66.67 + \frac{1}{4 \times 66.67} \left(\csc \frac{\pi}{24} + \csc \frac{\pi}{36} \right)$$

$$= 163.33 = 164 \text{ 節}$$

10-5 槓　桿

　　槓桿是一種形式最簡單的機械,如圖 10-19 所示即為一種槓桿,它能繞著固定點 O 旋轉。固定點 O 稱為支點,外力 F 作用於 A 點使機械作功,所以 A 點稱為施力點,而支點 O 到施力點 A 之距離稱為施力臂。W 的機械對外作功之反抗力,B 點稱為抗力點而 O 到 B 之距離稱為抗力臂。

　　由於支點、施力點與抗力點位置不同,槓桿可分為三種類型。

第一種槓桿: 支點位於中央,如圖 10-19(a)所示,如剪刀、天秤等屬之,可能省力,也可能費力。

第二種槓桿: 抗力點位於中央,如圖 10-19(b)所示,是一種省力之機器,如鍘刀、破果鉗等。

第三種槓桿: 施力點居於中間,是一種費力的機械,如用鑷子夾物、使用筷子、持筆寫字等均屬之。

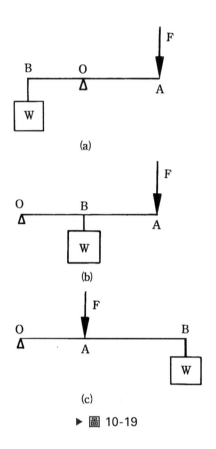

▶ 圖 10-19

　　槓桿的受力分析是假設系統處理靜力平衡，因此若對支點取力矩可得到

$$F \cdot a = W \cdot b$$

其中　a 為施力臂

　　　　b 為抗力臂

10-6 滑　輪

　　滑輪是提升重物的機器，可分為定滑輪與動滑輪兩種，如圖 10-20 所示將兩個或兩個以上的滑輪組合起來使用，就稱為**滑輪組**。

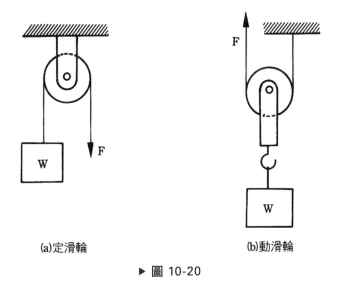

(a)定滑輪　　　　(b)動滑輪

▶ 圖 10-20

　　一般在分析滑輪的施力與抗力時，都是假設滑輪與繩索之間之摩擦力可忽略不計，故一條繩索的張力從頭到尾完全相同，同時滑輪是處在靜力平衡之情形下。再者就是滑輪之重量可忽略不計。因此如果我們對圖 10-21 之定滑輪之軸心取力矩，可以得到 $F = W$，這就是大家熟悉的結果；定滑輪不省力，只改變受力之方向。

　　如果我們對動滑輪取力平衡，其自由體如圖 10-22 所示可以得到 $F = \dfrac{W}{2}$，換言之動滑輪是省力的機器。

　　再複雜的滑輪組都可以按此方法得到施力與重物 W 之關係。

▶ 圖 10-21　　　　　　　　▶ 圖 10-22

例題 10-3

圖 10-23 所示之吊重滑車，若要吊起 900 kg 之重物，需施力若干？

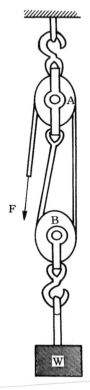

▶ 圖 10-23

解

在摩擦力不計之情形下，若施力為 F 則整條繩索之張力均為 F。若取 B 滑輪作力平衡，可以得到

$$2F = W = 900 \text{ kg}$$

所以必須用 450 kg 重之力。

📖 例題 10-4

圖 10-24 是由 2 組滑車組成的滑輪機構，若施力 $F = 500\,\text{kg}$，可吊起多重之物體？

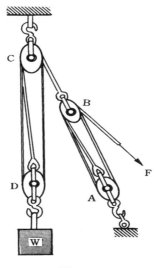

▶ 圖 10-24

🔧 解

由於在沒有摩擦之假設下，同一條繩子具有一固定之張力，因此如果取 B 滑輪來作平衡分析，可得到 B 滑輪和 C 滑輪之間的繩子張力 $T = 4F$。此時再取 D 滑輪來分析會有

$$W = 3T = 3(4F) = 12F$$

所以可吊起 6000 kg 之重物。

10-7 機械利益

設計機構之目的，很多時候都是要將動力從輸入端傳到輸出端，例如利用滑輪組或槓桿來舉起重物，或者利用鏈輪來轉動遠方的輸出軸。在沒有摩擦損失之下，能量是守恆的，如果我們用 W 來代表做功，則應該有

$$W_{輸出功} = W_{輸入功}$$

但是如果摩擦存在時，它將會消耗部份的能量，因此輸出功率會比輸入功率低，也就是

$$W_{輸出功} = \eta \cdot W_{輸入功}$$

其中 η 為機器之效率，而且 $0 < \eta < 1$。機器效率愈高，η 的值就愈接近於 1。如果將功之定義代入上式中則有

$$F_{輸出力} \cdot S_{輸出位移} = \eta F_{輸入力} \cdot S_{輸入位移}$$

可以得到

$$\frac{F_{輸出力}}{F_{輸入力}} = \eta \frac{S_{輸出位移}}{S_{輸入位移}}$$

其中 $S_{輸入位移}$，與 $S_{輸出位移}$ 代入輸入端與輸出端之位移量。這個輸出端之抗力與輸入端之施力的比值，被稱為機械利益，通常以 MA 來代表。

必須注意的是 MA 的大小，並不代表機械的好壞。 MA 大只表示機械是省力的機械，但是省力就必然費時，而 MA 小表示機械不是省力的機械，但是此機械必然省時，工程師在設計時必須在省力與省時之間作一折衷。

對某些機械而言，位移量 S 可能為變數，此時，可以用輸入與輸出端之速度來代替，而得到

$$MA(機械利益) = \frac{F_{輸出力}}{F_{輸入力}} = \eta \frac{S_{輸出位移}}{S_{輸入位移}} \quad (\eta\text{ 為機械效率})$$

而在機械設計之第一階段中，摩擦力常忽略不計，因此除非另有聲明，在題目中均假設 $\eta = 1.0$。

例題 10-5

求圖 10-25 中滑輪組之機械利益。

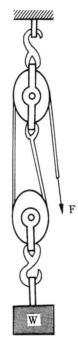

▶ 圖 10-25

解

設拉力為 F，而吊起之重量為 W 則依動滑輪平衡之原理，可得

$$W = 2F$$

而機械利益 (MA) 之定義為

$$MA = \frac{W}{F} = 2$$

📁 **例題** 10-6

求圖 10-26 之機械的機械利益(*MA*)，如果螺桿之節距為 3 公厘而手把距螺桿之中心線 25 公厘。

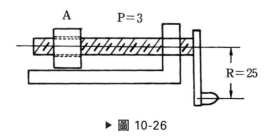

▶ 圖 10-26

🛠 **解**

$$MA = \frac{F_{輸出力}}{F_{輸入力}} = \eta \frac{S_{輸入位移}}{S_{輸出位移}}$$

當手把轉一圈時

$$S_{輸入位移} = 2\pi R = 2\pi(25) = 50\pi \text{ 公厘}$$

而滑塊 *A* 前進一個節距

$$S_{輸出位移} = 3\pi \text{ 公厘}$$

所以 $MA = \dfrac{50}{3}$

📁 **例題** 10-7

求螺絲扣的機械利益(a)如果兩螺紋的旋向相同(b)如果兩螺紋之旋向相反。

🛠 **解**

(a)當兩螺紋旋向相同時，螺絲扣旋轉一圈，左邊的螺桿相對於螺絲扣會向右移一個節距，而右邊的螺桿相對於螺絲扣也向右移一節距，所以左右兩根螺桿之距離改變了，因此

$$S_{輸出位移} = 2.5 \text{ mm} - 2.0 \text{ mm} = 0.5 \text{ mm}$$

此種由兩個螺旋組合，但其組合運動等於各別螺旋之運動差，特稱為差動螺旋

而　$S_{輸入位移} = 75\pi$ mm

故　$MA = \dfrac{S_{輸入位移}}{S_{輸出位移}} = \dfrac{75\pi}{0.5} = 471$

(b)當兩個螺桿旋向相反時，若螺絲扣轉一圈，左邊的螺桿相對於螺絲扣會向右移一節距，則右邊的螺桿會向左移一個節距，其合成運動是左右兩根螺桿靠近了，所以

$$S_{輸出位移} = 2.5 \text{ mm} + 2.0 \text{ mm} = 4.5 \text{ mm}$$

故

$$MA = \frac{S_{輸入位移}}{S_{輸出位移}} = \frac{75\pi}{4.5} = 52.36$$

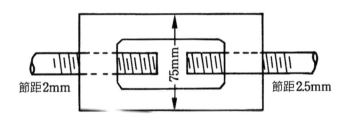

習題十

1. 有一軸 A，轉速為 160 rpm，將直徑 36 cm 之皮帶輪固定在 A 軸上，並用皮帶驅動 B 軸上之另一個皮帶輪，使其轉速為 360 rpm，試求 B 軸上皮帶輪之直徑。

2. 一直立鑽床用開口式三級皮帶塔輪操縱。若主動軸轉速為 150 rpm，而從動軸在不同級操作時轉速為 150 rpm、450 rpm 和 600 rpm，若兩軸相距 30 cm，而主動帶輪之最大直徑為 36 cm，試求各級之直徑。

3. 兩平行軸相距 100 cm，以皮帶輪驅動，若主動軸轉速為 100 rpm 而從動軸轉速為 600 rpm，大帶輪直徑為 60 cm，試就開口式及交叉式皮帶纏繞計算下列問題：(a)小帶輪直徑、(b)皮帶之線速度、(c)皮帶長度。

4. 一個節距為 1 cm 之滾子鏈，配合 20 齒之鏈輪，轉速為 400 rpm，而從動輪之轉速為 200 rpm，如果兩軸相距 25 cm，試計算：(a)從動鏈輪之齒數、(b)鏈條節數。

5. 如圖 E-1 所示之雙滑輪組起重機，若不計摩擦力，且 $W = 6000\,\text{kg}$，求作用力 F 之大小及機械利益 MA。

6. 如圖 E-2 所示，試求鬆緊螺旋扣之機械利益，如果：(a)兩螺旋之旋向相反、(b)兩螺旋之旋向相。

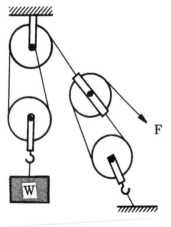

▶ 圖 E-1

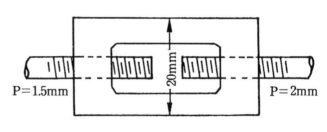

▶ 圖 E-2

參考書目

1. martin: Kinematics and Dynamics、2/E、MaGraw-Hill, Inc.

2. Shigley & Uleker: Theory of Machines and Mechanisms、2/E、MaGraw-Hill, Inc. 1995.

3. George H. Martin: Kinematics and Dynamics of Machines, MaGraw-Hill, Inc. 1982.

4. Wilson & Sadler: Kinematics and Dynamics of Machinery、2/E、Harper Collines Publishers, 1993.

5. Mabie: Mechanisms and Dynamics of Machinery.

6. 張定昌著：機構學。新文京開發出版股份有限公司。

7. 項海籌等著：機構學。新文京開發出版股份有限公司，1995。

8. 張充鑫編著：機構學。全華科技圖書股份有限公司，1981。

9. 孫恒、傅則紹主編：機械原理。高等教育出版社，1990。

10. 張世民主編：機械原理。中央廣播電視大學出版社，1983。

11. 林永立編譯：現代機構百科。全華科技圖書股份有限公司，1990。

12. 林寬泓等編著：機構學。高立圖書有限公司，1998。

MEMO

MEMO

MEMO

MEMO

MEMO

MEMO

國家圖書館出版品預行編目資料

機構學 / 鄭偉盛, 許春耀編著. -- 第五版. -- 新北市 : 新文京開發, 2020.08
面 ; 公分

ISBN 978-986-430-655-8（平裝）

1.機構學

446.01 109012215

機構學（第五版） （書號：**A111e5**）

編 著 者	鄭偉盛 許春耀
出 版 者	新文京開發出版股份有限公司
地 址	新北市中和區中山路二段 362 號 9 樓
電 話	(02) 2244-8188（代表號）
F A X	(02) 2244-8189
郵 撥	1958730-2
第 四 版	西元 2014 年 06 月 01 日
第 五 版	西元 2020 年 09 月 20 日

 建議售價：390 元

法律顧問：蕭雄淋律師
ISBN 978-986-430-655-8

New Wun Ching Developmental Publishing Co., Ltd.

New Age · New Choice · The Best Selected Educational Publications — NEW WCDP

新文京開發出版股份有限公司

NEW WCDP

新世紀・新視野・新文京 — 精選教科書・考試用書・專業參考書